酸压控缝高数值模拟技术

李勇明　彭　瑀　赵金洲　著

科学出版社

北京

内 容 简 介

本书针对我国碳酸盐岩油藏酸压缝高易失控、裂缝穿透深度不足的实际情况，讨论在碳酸盐岩酸压过程中涉及的控缝高工艺优选、隔离剂性能评价、隔离剂沉降和输送模拟、泵注过程中的井筒和裂缝温度场模拟、控缝高压裂裂缝延伸数值模拟等重点和难点问题。

本书技术性较强，注重理论与实践的紧密结合，可作为从事酸压工作的管理人员和技术人员的参考书。

图书在版编目(CIP)数据

酸压控缝高数值模拟技术 / 李勇明，彭瑀，赵金洲著. —北京：科学出版社，2018.12

ISBN 978-7-03-059924-7

Ⅰ.①酸… Ⅱ.①李… ②彭… ③赵… Ⅲ.①碳酸盐岩油气藏–酸化压裂–研究 Ⅳ.①TE344

中国版本图书馆 CIP 数据核字 (2018) 第 274053 号

责任编辑：罗　莉 / 责任校对：江　茂
责任印制：罗　科 / 封面设计：墨创文化

科 学 出 版 社 出版

北京东黄城根北街16号
邮政编码：100717
http://www.sciencep.com

四川煤田地质制图印刷厂印刷

科学出版社发行　各地新华书店经销

*

2018年 12 月第 一 版　　开本：787×1092 1/16
2018年 12 月第一次印刷　　印张：8 1/4
字数：193 千字

定价：99.00 元

(如有印装质量问题，我社负责调换)

前　言

酸压是碳酸盐岩油藏建产、增产和稳产的关键技术。酸压效果的优劣直接决定了单井控制储量、油田的采收率和开发效益。如何经济有效地增加酸液穿透深度和酸蚀裂缝导流能力、延长增产有效期是现在迫切需要研究和解决的问题。

对于缝洞型碳酸盐岩储层，酸压裂缝高度失控会影响酸压裂缝的横向延伸，降低酸压裂缝沟通天然缝洞的概率。现场实测数据也指出，在碳酸盐岩油藏的酸压施工中，许多井的酸压裂缝都存在缝高失控的现象，一些井的酸压裂缝高度甚至高达 100m 以上。大部分酸液都浪费在没有油气的层位，酸压效果不言而喻。针对缝高失控的问题，一般采用类似于常规压裂加空心微珠和 100 目粉砂分别作为上、下隔离剂的方法进行缝高控制。

本书作者在长期的酸压改造理论研究和数值模拟经验的基础上，归纳和总结常规的控缝高工艺，认为人工隔层技术具有独特的优越性；创新提出凝胶人工隔层控缝高技术，进行隔离剂的优选；建立凝胶颗粒输送过程中的井筒和裂缝温度场模型和可以考虑复杂垂向应力分布的三维裂缝延伸模型，以分析控制缝高扩展的主要因素和评价控缝高工艺的控高效果；分析层间滑移现象对缝高扩展的影响，提出缝洞型碳酸盐岩油藏酸蚀裂缝导流能力的优化方案。

本书在编写和出版过程中得到了西南石油大学石油与天然气工程学院和油气藏地质及开发工程国家重点实验室的大力支持，许多专家都提出了宝贵的意见，谨此一并致谢。

本书重在整理和归纳作者在酸压控缝高领域的一些探索和认识。作者水平有限，敬请广大读者对书中的不当之处予以批评指正。

目　　录

第1章 控缝高技术发展概况

1.1 国内外发展现状

缝高控制的问题最早来源于加砂压裂,美国棉花谷地区的压裂工程师通过井温曲线监测裂缝高度,归纳了缝高与排量的经验关系式,认为缝高会随着排量的上升而呈指数式的上升。鉴于裂缝延伸到储层之外会降低压裂改造的效率,所以建议将排量维持在 $3.5 \text{m}^3/\text{min}$ 左右,这就是最早提出的控缝高技术[1]。

随着压裂工艺的推广和逐渐深入,缝高延伸穿过储层的案例也大幅增加。工程技术人员越来越想通过人为的方式来干预裂缝的垂向延伸。Braunlich 和 Prater 分别在 1967 年和 1968 年提出了人工控缝高的方法[2, 3],Braunlich 认为提前在下缝尖铺置支撑剂可以控制下缝尖的延伸,Prater 提出的方法是在压裂施工的途中注入一段浓度适宜的支撑剂段塞来延缓缝高的增长。虽然 Braunlich 和 Prater 对这两种技术的形容方式不同,也都申请了发明专利,但从机理上来看两者应该都属于人工隔层技术(有些专家也称之为底部脱砂技术)。

1983 年,Nguyen 和 Larson[4]正式提出了人工隔层技术的概念,建议通过普通支撑剂和浮式支撑剂协同控制人工裂缝下缝尖和上缝尖的延伸。并进行了 6 井次的试验,井温曲线监测显示出了较好的缝高控制效果。

1987 年,Warpinski 和 Teufel[5]在美国能源部的支持下,为了判断压裂施工是否会对环境造成破坏进行了矿井实验。所谓矿井实验就是指在单井压裂施工后,通过类似于采煤的连续挖掘方法将隧道打通到井下的压裂层位,通过素描和照片的方式来观察和记录井下的裂缝形态。矿井实验是最为真实准确的裂缝监测方式,但该次实验所记录的结果与人们想象的情况大相径庭。根据照片和素描的显示,水力裂缝并非完全垂直,而是与铅垂线有一定的夹角;水力裂缝尖端的破坏并非是完全张性的,而是存在一定的剪切;水力裂缝并非是平面的,而是会在与天然裂缝相遇后发生转向形成阶梯状的结构。该次实验对后续的控缝高机理和模型研究产生了重大影响。

1994 年,Greener[6]在 Garfied-Richfield 油田和 Denver-Julesburg 盆地进行了 5 井次的人工隔层控缝高试验,给出了详细的泵注程序设计方法。Greener 认为应该将泵注程序分为两段,前半段负责制造人工隔层,后半段再进行压裂施工,两段之间应该停泵 0.5~1h 以便于隔离剂的沉降。1995 年,Mukherjee 等[7]分别在 Denver-Julesburg 盆地的 Wattenburg 油田和 Colorado 州的 Mancos 页岩进行了 2 井次的人工隔层控缝高试验,他们认为应该采用不同粒径和密度的支撑剂混合形成人工隔层,并且隔层材料的携带液应该选择 5~10mPa·s 的低黏液体以加速其在水力裂缝中的沉降。

1995 年,Barree 和 Mukherjee[8]给出了人工隔层技术中隔离剂的铺置模型,制订了隔离剂铺置效果的评价标准，认为隔离剂的铺置效果是决定缝长和导流能力的重要因素。Barree 和 Hemanta 还指出在储层巨厚和滤失较大的地区应该考虑铺置浮式隔离剂控制上缝尖的延伸，但是其上浮速度的计算是一个难题。

2000 年，Talbot 等[9]拟合了非牛顿流体的缝内净压力公式，认为通过调整式中的参数降低缝内净压力可以控制缝高，并提出了使用低黏压裂液控制裂缝高度的想法。

2001 年，Smith 等[10]在数学模拟的基础上提出了模量差控缝高的机理，他们认为在同样的缝内净压力作用下，杨氏模量不同的岩石产生的应变差异很大，在裂缝中流体由中部向两个尖端流动的时候，会因为缝宽的骤变而形成严重的节流效应和较高的压降，从而阻止裂缝的垂向延伸。

针对模量差对缝高的控制作用，Gu 和 Siebrits[11]又在 2008 年做了进一步的研究，他们认为模量差对缝高的控制机理不仅仅体现在节流上，当裂缝从低模量地层向高模量地层延伸时，高模量地层会阻碍缝尖的进入，从而稳定裂缝高度。

2007 年，Yudin 等[12]提出了一种新颖的人工隔层铺置方法，他们建议将粒径大小不等的隔离剂泵入储层，利用粗粒形成桥堵、细粒填充缝隙增大压降的方式，制造出厚度远超过常规方法的人工隔层控制裂缝高度。该方法与我国罗平亚院士提出的屏蔽暂堵技术[13]机理极为相似。

2008 年，Gu 等[14]指出裂缝在层状地层中延伸穿过界面时会发生转向、钝化裂缝尖端，完全遏制缝高的延伸。他们还分析了层间滑移有可能发生的模式并对该物理背景下的裂缝延伸过程进行了数值模拟，与真实的施工数据吻合良好。

2009 年，经典二维 CGD (Christianovich-Geertsma-Daneshy)模型的奠基人之一 Daneshy 总结了几十年来的缝高控制机理研究成果[15]，将控制裂缝垂向延伸的因素分为应力差、模量差和剪切破坏钝化缝尖三类。不过 Daneshy 认为就计算结果和现场经验来看，这三类因素对裂缝的垂向延伸只有阻碍的作用，并不能完全阻止缝高的增长；在有些施工案例中出现的缝高恒定、完全停止增长的现象，是由于裂缝穿过界面发生了转向造成的。这与 2008 年 Gu 和 Siebrits 等得出的结论一致。

2010 年，Castillo 等[16]分别在砂岩和灰岩尝试使用了降排量、降黏度的控缝高方法。压后净压力拟合的数据显示，砂岩储层的人工裂缝得到了较好控制，基本保证了裂缝在储层内部延伸；但是灰岩储层的缝高延伸情况却没有明显改善，与没有降排量、降黏度时基本一致。

2011 年，Fisher 和 Warpinski[17]分析了前期的矿井实验资料，认为含有薄夹层的储层会存在于多个层间界面，这些界面会让裂缝发生转向，分岔形成多个延伸尖端，相互干扰阻碍裂缝的垂向延伸。该现象的实质就是 Gu 等在 2008 年提出的层间滑移现象。

2012 年，Baig 和 Urbancic[18]认识到了仅靠隔层应力差无法完全控制裂缝的垂向延伸，建议在压裂时结合地震矩张量反演技术(seismic moment tensor inversion，SMIT)，确定地层中的特定结构，通过选取适宜的层位和起裂位置来控制裂缝高度。

2013 年，Makmun 等[19]研究并试验验证了表面活性剂(viscoelastic surfactant，VES)压裂液在沙特某薄层砂岩气藏中的缝高控制作用。他们认为 VES 压裂液流动黏度较低，能够有效地降低缝内净压力，又因为其具有较高的结构黏度，所以携砂能力也有保障；试验证明采用该液体体系能够在不足 40m 的储层中（上、下均为水层）正常施工，在裂缝中铺置近 30t 的支撑剂，并且将裂缝高度从 64m 降低到 30m 以下。

国外对控缝高技术的研究主要集中在缝高扩展的机理上面，对控缝高新工艺的探索还不够全面，局限在多粒径、多密度隔离剂混合形成人工隔层这一阶段。通过现有的研究成果可以发现，碳酸盐岩的控缝高难度大于砂岩储层，通过控排量、控黏度等施工参数优化方法都不能有效控制酸压裂缝高度。人工隔层技术应该是酸压控缝高的一个必要选择。

国内对于缝高控制的研究起步较晚。20 世纪 90 年代，西南石油大学胡永全、任书泉和张平等[20-23]在缝高控制机理和裂缝延伸模式上做了大量研究，认为隔层应力差是主要的缝高控制因素，并且推导了 Palmer 模型在受非对称应力情况下的表达形式，模拟出了非对称的裂缝剖面，为我国的控缝高工艺发展奠定了坚实的理论基础。但是该阶段的研究并没有脱离国外控缝高工艺研究的原型。

2001 年，马新仿和黄少云[24]推导了全三维水力压裂过程中裂缝及近井地层的温度计算模型。通过对模型的分析发现，裂缝内的液体在沿缝长方向流动时，除了对流换热以外还存在导热；对流换热和导热对裂缝温度都有较大的影响。该温度模型可以为裂缝内净压力的准确计算提供依据，提高三维模型的模拟精度。

2002 年，西南石油大学的郭大立等[25]对控制裂缝高度的压裂工艺技术进行了定量分析和数值模拟，研究了控制裂缝高度的压裂数值模拟和施工设计方法，提出了施工设计的多目标优化模型。

2004 年，吐哈油田的苟贵明和胡仁权[26]通过 FracproPT10.1 三维软件，采用控制变量法测试了缝高对于地层（隔层）应力差、隔层厚度、工作液黏度及密度、断裂韧性、杨氏模量、排量和滤失系数等因素的敏感性，认为在储层和隔层不太薄时，地层应力差和工作液黏度是最主要的影响因素。

2006 年，李年银等[27]进行了裂缝高度延伸机理及控缝高酸压技术的研究。他们通过联立净压力的经验拟合式和 Rice 的应力强度因子公式建立了延伸模型，该模型体现了简洁实用的特性，但其计算精度还有待验证。

2008 年，程远方等[28]建立了考虑尖端塑性的垂直裂缝延伸模型。他们认为对于强度较低、较软、易发生塑性屈服的地层来说，经过修正的线弹性模型已不再适用，建议研究适用于大范围塑性屈服地层的水力压裂三维延伸模型。

2009 年，西北工业大学的张猛等[29]研制了新型井下固化下沉式缝高控制剂，该技术的具体实现方法是利用有机硅与松香树脂的反应固化机理，将树脂包裹在陶粒表面形成粒料，施工时将粒料、树脂固化剂和携砂液等混合均匀后注入井中，在井温条件下沉降固化，通过有机硅与裂缝壁之间的牢固结合形成高强度的人工隔层。

2010 年，刘晶[30]提出了液体胶塞控缝高压裂技术，该方法是在泵注前置液之前，先加入一段液体胶塞，通过其高黏性、流动性差等特性充填在上、下缝尖，形成阻抗从而控制裂缝的垂向扩展。该技术在乌 35 井应用后，在低净压力下获得了较大的缝宽，证明其缝高受到了一定程度控制。

2012 年，李沁等[31]研究了高黏度酸液在人工裂缝中的流态变化规律以及其对裂缝延伸的影响。认为在酸化施工中，普通酸液流动呈紊流状态，而酸压施工中，高黏度酸液通常呈线性层流状态，且增加排量不会对高黏度酸液的流态和稳定性造成显著影响。

国内对于裂缝延伸模拟、缝高控制机理的研究有很多，但是大多数都是重复的研究内容以及一些施工案例，真正能够推动控缝高技术发展的核心内容并不多。在控缝高工艺的发展上，国内提出了固化下沉式人工隔层控缝高技术，开发并试验了液体胶塞人工隔层控缝高技术，具有一定创新性，值得进一步的研究和探讨。

1.2 常规控缝高技术

酸压是酸液和岩层相互作用的复杂物理化学过程，涉及流体力学、固体力学、渗流力学、传热学和酸岩反应化学等诸多知识。因此对酸压过程的全面演绎还存在一定困难，目前的认识大多是通过实践和归纳得到的。一般认为[32-34]影响缝高扩展的因素有隔层应力差、杨氏模量、酸液的流变性及密度、断裂韧性、排量和滤失系数等。其中对缝高扩展影响最为明显的是隔层应力差和杨氏模量。隔层应力差越大，裂缝上、下尖端的延伸阻力也越大；杨氏模量越大，裂缝壁面的应变越小、缝宽越小，考虑到注入流体的质量守恒，缝高也会相应增加。由于岩石的杨氏模量是不可改变的，因此绝大多数控缝高工艺的最终目的都是增大隔层应力差。按照缝高控制的原理可以将现有的控缝高工艺分为如下几类。

(1)构造人工隔层。通过在裂缝上、下尖端铺置隔离剂形成人工隔层而增加流体垂向流动阻力的方法一般称为构造人工隔层法。该方法减小了上、下尖端的流体净压力，相当于增加了隔层应力，长时间的应用证明构造人工隔层法具有良好的控缝高效果。构造人工隔层法的实现手段有很多，主要包括采用粉砂和空心微珠形成上、下隔层的控缝高技术，采用多粒径、多密度的隔离剂混合形成人工隔层的控缝高技术，采用液态凝胶形成液体胶塞的人工隔层控缝高技术和固化下沉式人工隔层控缝高技术。

(2)优化施工参数。优化施工参数控缝高的原理是在不改变酸压或压裂施工流程的前提下，通过对排量、液体黏度等参数进行优化从而实现抑制缝高扩展的目的。该方法主要包括限制施工排量的控缝高技术、变排量控缝高技术、采用低黏或者黏弹性表面活性剂压裂液降低施工净压力的控缝高技术和冷却地层的控缝高技术等。

(3)优选起裂位置。优选起裂位置的方法比较依赖于地应力的分布情况。主要包括岩性选择、应力选择等方面，一般来说选取渗透率低、应力较高的层位作为隔层会有较好的控缝高效果。

表 1-1 展示了现有的控缝高技术以及其各自的适应性。不难发现，人工隔层控缝高技术具有不受储层条件制约、构造的层间应力差可以人为控制等优势。

表 1-1　不同的控缝高技术以及其适应性分析

控缝高技术	基本原理	优点	缺点
构造人工隔层	增加流体垂向压降,相当于增加了隔层应力差	对缝高的控制效果较为显著,不受储层条件限制	施工工艺较为复杂,需要加强机理研究
优化施工参数	控制排量、液体黏度和冷水降温的主要目的都是降低施工净压力	不需要改变施工流程,实施难度小	参数优选只能在可调范围内,控缝高的效果有限
优选起裂位置	通过前期地质资料,选取高应力的遮挡层来增加施工中的隔层应力差	技术成熟,实际上大多压裂和酸压施工都要进行这一过程(选井选层)	受储层条件限制

1.3　凝胶人工隔层控缝高技术

从 1.2 节的分析可以看出,人工隔层技术是最佳选择,但是现有的人工隔层技术也存在以下问题。

(1)粉砂、粉陶、空心微珠人工隔层。常规的粉砂、粉陶、空心微珠人工隔层是针对加砂压裂设计的,而酸压工艺一般是不加砂的,若在碳酸盐岩储层酸压施工中应用该技术可能会造成隔离剂充填酸蚀裂缝、降低酸蚀导流能力甚至施工无效的严重后果。

(2)液体胶塞人工隔层。液体胶塞技术是在施工中泵注黏度高、流动性差的液态凝胶来进行缝高控制,但是液态凝胶在裂缝中的输送效率很低,而且缝口处的缝高一般较大,处在海拔上的低点,液体胶塞会因为重力的作用而发生回流,隔离剂的铺置距离十分有限。

(3)固化下沉式人工隔层。固化下沉式的人工隔层具有硬且脆的特性,室内评价实验显示该技术形成的人工隔层压降很高,达到 5MPa 甚至以上。但是对储层存在明显的伤害,而且工艺不成熟。与前两种工艺相比固化的人工隔层本身也存在着明显的缺陷。传统人工隔层的粉砂、粉陶和空心微珠在尖端形成的压降都是渗流阻力;固化人工隔层则是完全不渗透的,形成的垂向压降受固化后的强度控制;液体胶塞形成的压降是高黏液体在裂缝中流动的附加阻力(高黏液体形成的垂向压降与酸液形成的垂向压降之差)。因此在酸压施工过程中,固化人工隔层不会像常规隔离剂和液体胶塞一样,随着缝高的增长向裂缝尖端推进,净压力一旦高于其强度,就会产生裂缝,让酸液绕过人工隔层重新开始在尖端延伸,这时带有裂缝的固化人工隔层能够起到的效果微乎其微,如图 1-1 所示。

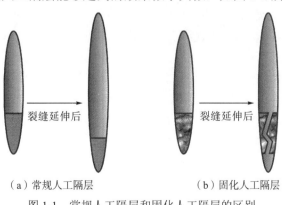

(a)常规人工隔层　　　　　　　　　　(b)固化人工隔层

图 1-1　常规人工隔层和固化人工隔层的区别

固化人工隔层技术除了上述问题外，还有一个设计上的重大缺陷，即只考虑了缝高延伸，评价了垂向压力对它的影响，但是没有考虑到缝宽的延伸。固化人工隔层受到的最大压力并不在缝高方向，而是在缝宽方向，该方向受到的张应力是整条裂缝中净压力对壁面作用的总和(实际上是某处的应力和该处与人工隔层距离的卷积)，比垂向的流体净压力要大得多。因此这种硬而脆的人工隔层也就变得极易被突破。

结合上文的分析和各种人工隔层技术的优缺点，可得出如下认识：①不渗透的隔层(例如固化人工隔层和液体胶塞等)比依靠渗流阻力形成的人工隔层具有更好的控缝高效果；②硬而脆的人工隔层容易被突破，从而丧失形成压降的能力；③固体的输送效率比液体高，不会出现重力回流的现象；④需要降低隔离剂对储层和酸蚀裂缝导流能力的伤害；⑤尽量简化施工流程，最好中途只泵注一次隔离剂。

若考虑采用固体的凝胶颗粒作为隔离剂，在温控的变黏性质下于裂缝中粘连形成不渗透的韧性凝胶隔层，并在压后可以完全破胶、随残酸返排，则正好可以满足以上五点基本认识，而这种方法可以称为凝胶人工隔层控缝高技术。图 1-2 给出了该技术的工艺流程，依次是泵注、沉降、成胶和破胶过程。

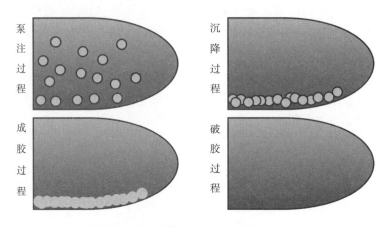

图 1-2　凝胶人工隔层控缝高技术

(1)泵注过程。固体的凝胶隔离剂可以随酸液直接泵注到储层中。由于凝胶的粘连是通过矿化度和温度控制的，因此保持较低的矿化度和裂缝温度可以加快形成人工隔层的速度。但凝胶的泵注也不宜过早，否则酸压裂缝尖端的缝高无法控制。

(2)沉降过程。隔离剂的沉降速度受到了隔离剂粒径、密度，携带液黏度、密度，排量，缝宽等诸多因素的影响，在施工中应该给出充足的沉降时间。

(3)成胶过程。成胶过程是指隔离剂在溶剂作用下粘连形成整体凝胶的过程，该过程的质量直接决定了人工隔层的强度。在施工过程中应该精确模拟井筒温度场，确定缝口的停泵温度，才能准确估计成胶过程所需要的时间。

(4)破胶过程。破胶过程要求胶体能够在加入破胶剂后完全破胶或者在成胶一段时间后自动破胶，并随残酸返排，不给储层和酸蚀裂缝造成伤害。

第 2 章　凝胶隔离剂优选与铺置模型

2.1　凝胶隔离剂性能设计

通过凝胶隔层控缝高技术的工艺设计和机理，可以归纳出凝胶隔离剂需要具有如下性质。

(1)隔离剂能够在一定程度上预先成胶，即"预凝胶"。所谓预凝胶，简单地说是不通过岩石孔隙的胶体。一般来说添加有交联剂的聚合物溶液会很快渗入岩石孔隙，而预凝胶不能渗入。因而预凝胶既能完全进入酸压裂缝形成凝胶人工隔层，又不会渗入基质孔隙堵塞岩石孔隙。

(2)隔离剂应具有高的强度和良好的黏弹性，即很好的抗拉性以及对岩石表面强的黏附力；良好的油藏环境适应性，即具有良好的抗高温高盐作用；有利于泵入和流动。

(3)凝胶隔离剂必须具有条件控制或者时间延迟的变黏或者膨胀性质，在地层温度下只能部分融化、粘连，不能完全水化，否则达不到形成阻抗的效果，而且等待变黏或膨胀的时间不宜过长，否则在施工中需要停泵很久，容易对储层造成伤害。

(4)凝胶隔离剂和其反应产物不能与水互溶，不能与水反应，不能在酸性环境下失效。

(5)凝胶隔离剂的密度应该可以调节，其密度大致与水相当以便于隔离剂在裂缝中的输送，并且在密度略高于水时形成下沉剂，在密度略低于水时形成上浮剂。

根据上述需要，控缝高隔离剂被设计为凝胶颗粒型水膨体，颗粒外表面黏附有热塑性材料，热塑性材料具有一定的透水性。温度较低时水可以缓慢渗入凝胶颗粒中，导致凝胶膨大(膨大程度和速度均可控制)，同时热塑性材料在高温条件下可形成粘连(如图 2-1 所示)，从而粘连物为重复压裂控缝提供支撑。

图 2-1　颗粒膨胀粘连前后示意图

2.2　控缝高隔离剂的优选

控缝高隔离剂由抗温抗盐新型聚合物(抗温抗盐聚丙烯酰胺，KWYPAM)凝胶组成，在外涂热塑性材料中加入破胶剂，内部凝胶膨胀后外部材料破裂，随之凝胶降解。该隔离剂可根据压裂施工工艺要求，控制堵剂强度、黏弹性及破胶时间。

1）黏弹性评价

控缝高隔离剂具有优异的黏弹性，90℃和120℃条件下的凝胶具有很好的拉伸作用，如图2-2所示。酸压施工时，黏弹性凝胶不会因为脆裂而导致酸液突破人工隔层。

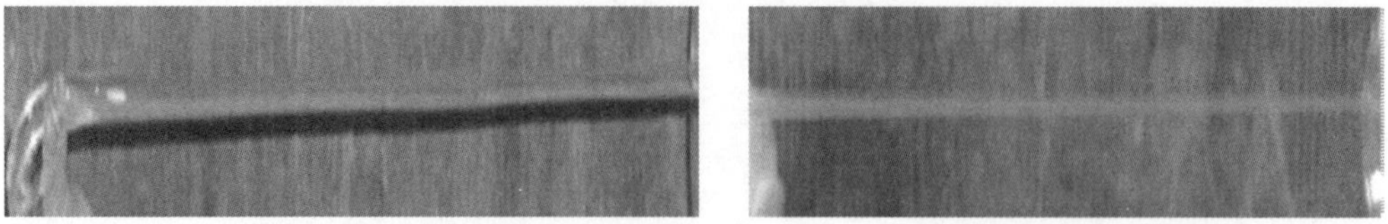

（a）90℃黏弹性聚合物凝胶　　　　　　　　　　（b）120℃黏弹性聚合物凝胶

图2-2　控缝高隔离剂的抗拉伸作用

2）强度评价

室内评价控缝高隔离剂的性能是在90℃、120℃、不同矿化度（$5 \times 10^4 \sim 20 \times 10^4$mg/L，二价离子质量分数为10%）条件下完成。形成凝胶的时间长短与凝胶强度有关，将新型聚合物KWYPAM凝胶与常规聚合物水解聚丙烯酰胺（hydrolyzed polyacrylamide，HPAM）凝胶进行对比，对比时间6天，结果见表2-1、表2-2。

表2-1　聚合物在90℃条件下的凝胶强度

矿化度/(mg/L)	时间/d		
	1	3	6
①HPAM（5×10^4）	脱水	脱水	F
②KWYPAM（5×10^4）	G	G	G
③KWYPAM（10×10^4）	G	H	H
④KWYPAM（15×10^4）	H	J	J
⑤KWYPAM（20×10^4）	H	J	J

表2-2　聚合物在120℃条件下的凝胶强度

矿化度/(mg/L)	时间/d		
	1	3	6
①HPAM（5×10^4）	脱水	C+	E+
②KYPAM（10×10^4）	B	C	E
③AP-P4（15×10^4）	B	C	E
④KWYPAM（5×10^4）	G	G	G
⑤KWYPAM（10×10^4）	G	H	I
⑥KWYPAM（15×10^4）	H	J	J
⑦KWYPAM（20×10^4）	H	J	J

分析表2-1和表2-2中的数据可得：聚合物在90℃、120℃高温时，矿化度对凝胶强度影响较小，成胶时间对凝胶强度有一定影响，凝胶达到Ⅰ级后，凝胶在瓶内倒置不动，表明凝胶强度高。常规聚合物PHPAM（部分水解聚丙烯酰胺）聚合物凝胶、KYPAM（抗盐聚丙烯酰胺）梳型聚合物凝胶剂、AP-P4疏水缔合聚合物均达不到强度要求。高的凝胶强

度能够保证酸压时,酸液不能进入。图 2-3 是新型凝胶一周后的结构图,说明凝胶内部结构完整,形态和性能稳定。

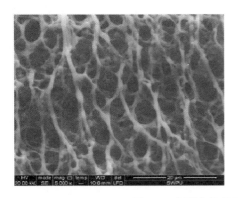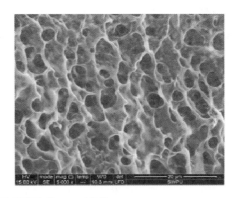

图 2-3　高温高盐老化七天后凝胶的 SEM 形貌

3) 整体凝胶评价

颗粒型凝胶可以被水携带到目的层位,受地层矿化度和温度影响,一方面凝胶颗粒膨胀(膨胀倍数可在十几倍到几百倍控制),另一方面,外部材料在交联剂作用下将粘连形成整体凝胶,因而凝胶可挤满目的层区域位置,当强度、黏弹性及与裂缝壁面的黏附性足够强时,便可满足控缝高的要求。隔离剂可根据造控缝高工艺设计要求设计其性能。在地层中由颗粒凝胶形成的整体凝胶如图 2-4 所示,图 2-4(b)表示形成整体凝胶后的形态,图 2-4(c)为破胶后的情况。

　(a) 凝胶隔离剂颗粒　　　　(b) 形成整体凝胶(人工隔层)后的形态　　　　(c) 破胶后基液

图 2-4　隔离剂颗粒转化为整体凝胶和破胶后的形态

4) 破胶性能评价

破胶是指聚合物的降解。聚合物的降解表示聚合物物理性质的变化,而这种变化是由包含大分子骨架的键断裂的化学反应所引起的。在聚丙烯酰胺(polyacrylamide,PAM)中,这些化学变化导致分子量的降低,即链长的减小。

聚合物的降解受很多因素影响,可分为六类降解过程:①热氧降解;②化学降解;③机械降解;④生物降解;⑤盐降解;⑥过渡金属离子降解。这六类降解通常是同时存在的。

还原性杂质(HA)和聚合物的过氧化物(ROOH)相互作用,通过氧化还原反应,大大降低了过氧化物分解反应活化能,从而提高了过氧化物分解生成自由基的速率。这不仅促进了聚合物氧化降解过程的链引发作用,同时加快了后继的链反应速率,使溶液黏度下降。

有些强还原性杂质(HB)自身可直接和氧发生电子转移反应，生成活性自由基碎片，引发聚合物氧化降解反应。

根据破胶原理，本研究采用的是复合型破胶剂 GA 和 GYH，两种破胶剂由氧化剂和过渡金属离子化合物组成，对聚合物凝胶有优异的降解作用。图 2-5 是降解剂浓度为 100mg/L 时对凝胶的破胶效果。

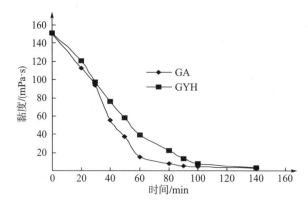

图 2-5   不同时间破胶剂的破胶性能

实验表明，破胶剂 GA 和 GYH 对凝胶聚合物的降解效果均较明显，能将聚合物凝胶破胶化水，水化后的溶液最低黏度达到 2.62mPa·s，具有良好的性能。降解后溶液透明，降解均匀[如图 2-4(b)所示]。实验结果证明，破胶剂 GA 和 GYH 降解速度快，降解彻底。

2.3   控缝高隔离剂的优化

在 2.2 节优选出的隔离剂基础上，改性制备出了一系列适用于酸压的新型凝胶颗粒 YJ-1、YJ-2、YJ-3、YJ-4、YJ-5、YJ-6、YJ-7。该系列凝胶颗粒随携带液注入地下裂缝中的指定部位，随后发生吸水膨胀，颗粒膨胀后相互挤压胶结，形成高强度的人工隔层，酸压施工后凝胶颗粒在一定条件下自动破胶，恢复酸蚀裂缝的导流能力。相比于传统的凝胶隔离剂，其成胶强度进一步增加，成胶时间显著缩短，与温度的相关性也大幅下降，优化后的凝胶隔离剂更便于进行控缝高施工设计。

2.3.1   温度和矿化度对膨胀倍数的影响

1. 不同矿化度下凝胶颗粒膨胀倍数随时间的变化

对 YJ-1、YJ-2、YJ-3、YJ-4、YJ-5、YJ-6、YJ-7 等不同体系的凝胶颗粒膨胀倍数进行测定。准确称取一定质量 m_1 的干燥凝胶颗粒，将其放入烧杯中并加入水(纯水或一定矿化度的盐水)，将烧杯放入一定温度的恒温水浴锅或恒温干燥箱中，每隔一段时间将烧杯中的凝胶颗粒取出，擦干颗粒表面的水，称量吸水后凝胶颗粒的质量 m_2，依据式(2-1)计算凝胶颗粒的膨胀倍数 Q。

$$Q = \frac{m_2 - m_1}{m_1} \tag{2-1}$$

式中，Q——膨胀倍数，无量纲；

m_1——干凝胶质量，kg；

m_2——吸水后的凝胶质量，kg。

25℃时，在加入纯水、10000mg/L 矿化度盐水、30000mg/L 矿化度盐水的条件下，各体系凝胶颗粒的膨胀倍数随时间的变化分别如图 2-6～图 2-8 所示。

由图 2-6～图 2-8 可以看出，各凝胶颗粒体系的膨胀倍数随着膨胀时间的增加而增加，除 YJ-7 体系外，其余体系的膨胀倍数均呈现出先快速增加后趋于平缓的变化趋势，其中 YJ-2、YJ-4、YJ-6 表现出较高的膨胀倍数，说明其吸水能力较其余体系更强，有利于在短时间内在地下裂缝中快速形成有效封堵。

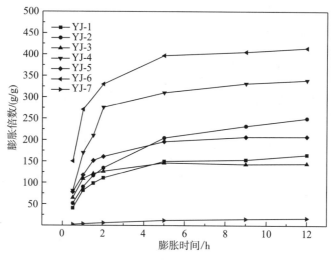

图 2-6　纯水中不同体系凝胶颗粒膨胀倍数随时间的变化

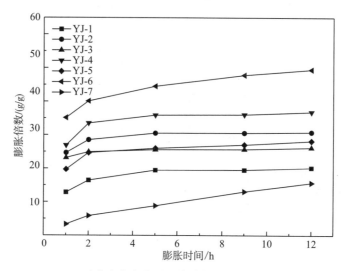

图 2-7　10000mg/L 矿化度盐水中不同体系凝胶颗粒膨胀倍数随时间的变化

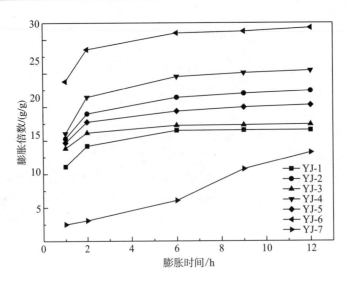

图 2-8   30000mg/L 矿化度盐水中不同体系凝胶颗粒膨胀倍数随时间的变化

2. 不同温度下凝胶颗粒膨胀倍数随时间的变化

加入 10000mg/L 矿化度盐水的条件下，在 65℃时各体系凝胶颗粒的膨胀倍数随时间的变化如图 2-9 所示。

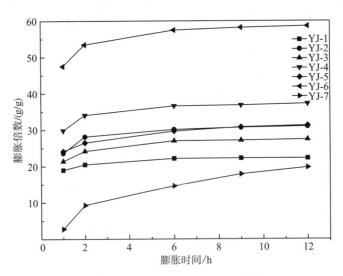

图 2-9   65℃时不同体系凝胶颗粒膨胀倍数随时间的变化

加入 10000mg/L 矿化度盐水的条件下，在 80℃时各体系凝胶颗粒的膨胀倍数随时间的变化如图 2-10 所示。

加入 10000mg/L 矿化度盐水的条件下，在 120℃时各体系凝胶颗粒的膨胀倍数随时间的变化如表 2-3 所示。

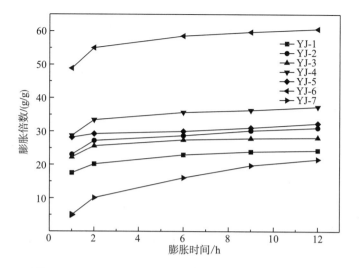

图 2-10　80℃下不同体系凝胶颗粒膨胀倍数随时间的变化

表 2-3　120℃下不同体系凝胶颗粒膨胀倍数随时间的变化

体系名称		膨胀时间/h							
		1	2	3	4	5	6	9	12
YJ-1	膨胀倍数/(g/g)	28.7441	38.5105	43.5273	47.5812	52.5533	/	/	/
YJ-2		28.8447	37.2606	47.2732	52.3733	58.5710	/	/	/
YJ-3		28.9829	36.4236	/	/	/	/	/	/
YJ-4		36.3058	50.7813	65.2395	72.4291	80.0213	/	/	/
YJ-5		35.9150	54.9893	65.3547	/	/	/	/	/
YJ-6		55.3765	68.3298	83.3421	93.1651	/	/	/	/
YJ-7		6.8081	12.1744	14.0181	15.8713	17.1293	18.8419	38.0446	54.0386

注："/"表示凝胶颗粒发生破胶或部分破胶的现象。

由图 2-9 和图 2-10 可以看出，在不同温度下，凝胶颗粒膨胀倍数随膨胀时间的变化规律类似，均呈现出随着膨胀时间的增加，膨胀倍数先快速增加后趋于平缓的变化趋势。由表 2-3 可以看出，在 120℃的高温条件下，各体系的膨胀倍数增加迅速，但由于高温会破坏分子结构，大部分凝胶颗粒膨胀到一定程度后会吸水胀破，呈现出自动破胶的现象，这种特性对于需要实行暂堵的转向压裂施工来说是十分有利的，有利于施工后油流通道的恢复。

3. 矿化度对凝胶颗粒膨胀倍率的影响

在 25℃条件下，分别将各体系凝胶颗粒加入不同矿化度的水中，12h 后测量各体系凝胶颗粒的膨胀倍数，结果如图 2-11 所示。

由图 2-11 可以看出，随着矿化度的增加，各体系凝胶颗粒的膨胀倍数不断下降，产生这种变化的主要原因在于凝胶颗粒属于一种空间网状的分子结构，该分子结构同聚合物类似，具有一定的电荷，在矿化度较低的情况下，具有相同电荷的分子间的静电排斥力较大，分子分布较为舒展，在分子空间中较容易进入水分子，吸水能力较强，因此膨胀倍数较大；但随着矿化度的不断上升，电荷屏蔽作用增加，分子间斥力减小，导致分子间距减小，从而分子空间中可进入的水分子量减少，凝胶颗粒吸水能力减弱，膨胀倍数降低。

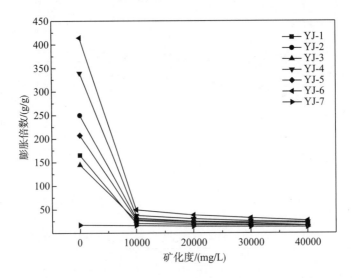

图 2-11　矿化度对凝胶颗粒膨胀倍数的影响

4. 温度对凝胶颗粒膨胀倍率的影响

分别将各体系的凝胶颗粒加入 10000mg/L 矿化度的盐水中，在不同温度下膨胀 12h，测量各体系凝胶颗粒的膨胀倍数，结果如图 2-12 所示。

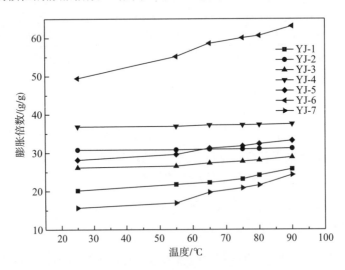

图 2-12　温度对凝胶颗粒膨胀倍数的影响

由图 2-12 可以看出，随着温度的上升，各体系凝胶颗粒的膨胀倍数有所上升，产生这种变化的原因与分子热运动规律有关，温度的增加将导致分子热运动加速，因而颗粒分子间的结合力将随着温度的增加而降低，使水分子更容易进入，所以在宏观表现上，随着温度的升高，颗粒的吸水能力增强，膨胀倍数增大，其中 YJ-2、YJ-4 由于分子结构较为紧密，受温度的影响相对其他体系较弱，随温度的上升膨胀倍数增加幅度相对较小。

2.3.2　强度和韧性的定性测试

25℃条件下，分别将不同体系的凝胶颗粒放置在 10000mg/L 矿化度的盐水中 12h 后取出，用力挤压发生变形而不破碎，松开后若能恢复原状，表明凝胶颗粒具有良好的强度和韧性，结果如表 2-4 所示。可以看出，YJ-2、YJ-4、YJ-6 表现出较好的强度和韧性，因此可以筛选出这三种体系进行后续测试。

表 2-4　各体系凝胶颗粒膨胀后的强度和韧性

体系名称	颗粒膨胀后的强度和韧性
YJ-1	良好
YJ-2	良好
YJ-3	较差
YJ-4	良好
YJ-5	较差
YJ-6	良好
YJ-7	良好

2.3.3　凝胶隔离剂颗粒黏温性能测试

将筛选得到的 YJ-2、YJ-4、YJ-6 等不同体系的凝胶颗粒分别用不同矿化度的盐水（10000mg/L、20000mg/L、30000mg/L、40000mg/L）配制成质量浓度为1%的溶液，待凝胶颗粒充分溶胀后采用旋转黏度计测量不同温度下各溶液的黏度，将数据绘制为黏温关系曲线，不同盐水矿化度条件下各体系的黏温性能分别如图 2-13～图 2-16 所示。

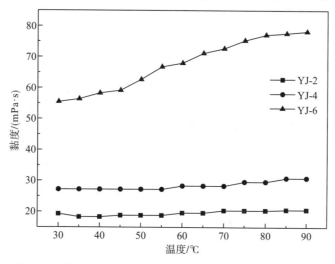

图 2-13　在 10000mg/L 盐水条件下各体系凝胶颗粒黏温曲线

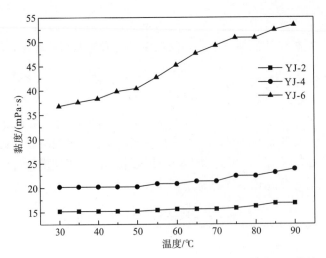

图 2-14　在 20000mg/L 盐水条件下各体系凝胶颗粒黏温曲线

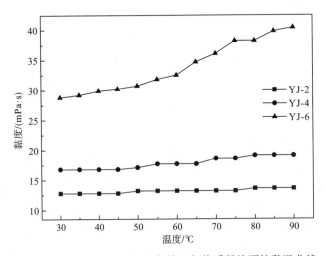

图 2-15　在 30000mg/L 盐水条件下各体系凝胶颗粒黏温曲线

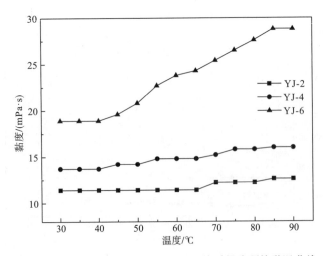

图 2-16　在 40000mg/L 盐水条件下各体系凝胶颗粒黏温曲线

如图 2-16 所示，YJ-2、YJ-4、YJ-6 三个体系的凝胶颗粒溶液黏度均呈现出随温度增加而增加的变化趋势，其中 YJ-6 的变化尤为明显，这种变化与三种凝胶颗粒的膨胀特性有关，YJ-6 吸水膨胀能力较强，因此其溶液黏度上升更为明显。

2.3.4　凝胶隔离剂颗粒固结时间的测试

分别称取 YJ-2、YJ-4、YJ-6 等各体系粒径为 20～40 目的凝胶颗粒(1g)放置在约 37mL 的试管中，分别加入 30mL 纯水或不同矿化度的盐水后封住试管口，将试管放入不同温度的烘箱(或水浴锅)后开始计时，当凝胶颗粒吸水溶胀后紧密地排布于试管且倒置试管凝胶颗粒在试管内仍可以保持不动(图 2-17)时停止计时，整个过程所用时间为颗粒固结时间，各体系凝胶颗粒在不同矿化度盐水及不同温度条件下的固结时间如表 2-5 所示。由表 2-5 可以看出，YJ-6 的膨胀能力较强，因此较容易固结，其固结时间随着矿化度的升高而升高，这主要是由于矿化度会减弱其膨胀能力。另外温度越高其固结时间越短，这与升温促进其吸水膨胀有关。此外 YJ-2 与 YJ-4 的膨胀能力相对较弱，因此固结时间较 YJ-6 更长，在矿化度较高的情况下甚至出现未固结现象，但温度的升高会对其固结能力有所促进。

图 2-17　凝胶颗粒在试管内固结

表 2-5　在不同矿化度盐水及不同温度条件下各体系凝胶颗粒的固结时间

温度/℃	矿化度/(mg/L)	固结时间		
		YJ-2	YJ-4	YJ-6
	0	2′ 06″	2′	1′ 40″
	10000	78′	61′	29′
25	20000	*	241′	49′
	30000	*	*	60′
	40000	*	*	67′

续表

温度/℃	矿化度/(mg/L)	固结时间		
		YJ-2	YJ-4	YJ-6
	0	2′	1′ 52″	1′ 10″
	10000	75′	56′	28′
50	20000	*	190′	40′
	30000	*	*	51″
	40000	*	*	59′
	0	1′ 58″	1′ 48″	58″
	2500	29′	19′	11′
	5000	38′	24′	19′
	7500	63′	38′	22′
80	10000	75′	54′	25′
	20000	*	182′	36′
	30000	*	*	41′
	40000	*	*	47′

注：*表示未出现固结现象。

2.3.5　凝胶隔离剂与酸液的配合性试验

将优选得到的 YJ-2、YJ-4、YJ-6 三种凝胶颗粒加入 20%盐酸配制的酸液中，放置 24h，结果三种凝胶颗粒与酸液配合性良好，未出现浑浊、颗粒溶解、聚结等不配伍现象。

准确称取一定质量 m_1 的干燥凝胶颗粒，将凝胶颗粒在 10000mg/L 矿化度的盐水中充分溶胀后取出，擦干颗粒表面的水，称量吸水后凝胶颗粒的质量 m_2，然后将颗粒放入 20%盐酸配制的酸液中，每隔一段时间将颗粒取出擦干颗粒表面酸液后称量其质量 m_3，依据式 (2-2) 计算凝胶颗粒的收缩率 S：

$$S = \frac{m_2 - m_3}{m_2} \tag{2-2}$$

式中，S——凝胶颗粒收缩率，无量纲；

　　　m_3——酸液浸泡过后的凝胶颗粒质量，kg。

凝胶颗粒收缩倍数随时间的变化规律如图 2-18 所示。

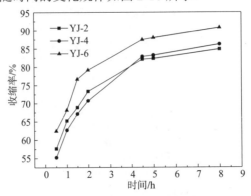

图 2-18　凝胶颗粒收缩倍数随时间的变化

凝胶颗粒溶胀后放入酸液中其膨胀倍数（Q_H）的计算公式如下：

$$Q_H = \frac{m_3 - m_1}{m_1} \tag{2-3}$$

式中，Q_H——凝胶颗粒吸酸膨胀倍数，无量纲。

充分膨胀后的凝胶颗粒在酸液中膨胀倍数随时间的变化如图 2-19 所示。

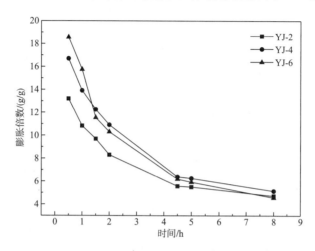

图 2-19　凝胶颗粒在酸液中膨胀倍数随时间的变化

由图 2-18 和图 2-19 可以看出，YJ-2、YJ-4、YJ-6 三种凝胶颗粒在酸液中其膨胀倍数会有所减小，主要原因在于酸液的 pH 较低，会有大量氢离子使凝胶颗粒分子所带的负电荷失效，从而减小分子间斥力，使分子线团收缩，单位体积内的网络空间减小，导致颗粒的膨胀倍数减少。其中 YJ-6 的收缩率最大且膨胀倍数在 8h 后变为最小，说明其抗酸能力小于其余两种颗粒，而 YJ-2 及 YJ-4 的抗酸能力相对更好。

2.3.6　凝胶隔离剂颗粒的沉降规律实验

在 100mL 的量筒中装入 10000mg/L 矿化度的盐水，随后加入 0.5g 凝胶颗粒（90~120 目），使用秒表测定颗粒的沉降速率，进行三次平行试验，取平均值作为凝胶颗粒的沉降速率，YJ-2、YJ-4、YJ-6 三种凝胶颗粒的沉降速率如表 2-6 所示。

表 2-6　各体系颗粒在盐水中的沉降速率

体系名称	沉降速率/(mm/s)
YJ-2	0.2717
YJ-4	0.2542
YJ-6	0.3404

在 100mL 的量筒中装入一定浓度的聚合物溶液（黏度 71mPa·s），随后加入 0.5g 凝胶颗粒（90~120 目），使用秒表测定颗粒的沉降速率，进行三次平行试验，取平均值作为凝胶

颗粒的沉降速率，YJ-2、YJ-4、YJ-6 三种凝胶颗粒的沉降速率如表 2-7 所示。

表 2-7　各体系颗粒在聚合物溶液中的沉降速率

体系名称	沉降速率/(mm/s)
YJ-2	0.0054
YJ-4	0.0042
YJ-6	0.0139

从表 2-6 和表 2-7 可以看出，无论在盐水或是聚合物溶液中，YJ-4 的沉降速率最小，说明其悬浮能力较好；另外 YJ-2 的沉降速率较 YJ-4 来说较为接近，说明其也具有较好的悬浮能力；而 YJ-6 沉降速率较大，说明其悬浮性相对较差，不利于输送。

2.3.7　隔离剂强度评价实验测试

实验用岩心为人造均质碳酸盐岩(Φ3.5cm×7cm)，缝宽 2mm，充填裂缝体积70%的陶粒(如图 2-20 所示)。隔离剂颗粒粒径取 90~120 目，隔离剂溶液浓度为 1.1%。岩心裂缝充满隔离剂颗粒后放置 0.5h 再进行驱替，直至出口端流出第一滴液体，且后续不断有液体流出，此时进口端的压力即为隔离剂的突破压力。实验流程如图 2-21 所示。

图 2-20　实验前的岩心

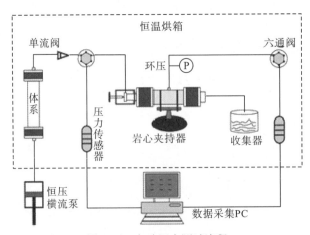

图 2-21　突破压力测试流程

当采用体系 YJ-2 作为隔离剂，实验后岩心形貌如图 2-22 所示，突破压力测试曲线如图 2-23 所示，其突破压力为 2.15MPa，压力梯度为 30.7MPa/m。

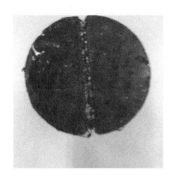

图 2-22　实验后岩心

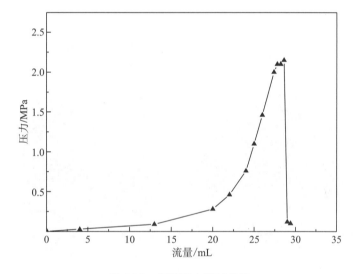

图 2-23　突破压力测试曲线

当采用体系 YJ-4 作为隔离剂，实验后岩心形貌如图 2-24 所示，突破压力测试曲线如图 2-25 所示，其突破压力为 2.6MPa，压力梯度为 37.1MPa/m。

图 2-24　实验后的岩心

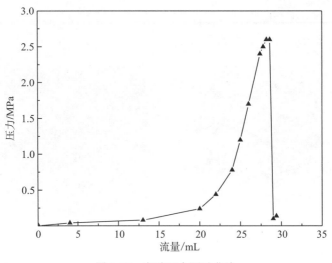

图 2-25　突破压力测试曲线

当采用体系 YJ-6 作为隔离剂，实验后岩心形貌如图 2-26 所示，突破压力测试曲线如图 2-27 所示，其突破压力为 2.05MPa，压力梯度为 29.3MPa/m。

图 2-26　实验后的岩心

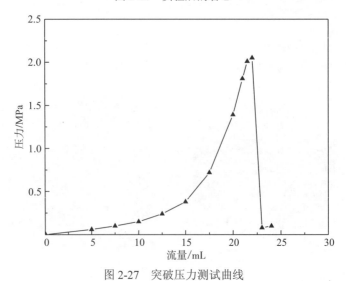

图 2-27　突破压力测试曲线

由以上突破压力测试实验可以看出，YJ-4 的压力梯度最高，表现出较强的封堵能力，因此对该体系进行进一步研究，增加其膨胀时间后再进行突破压力测试，在其余条件相同的情况下，将 YJ-4 体系颗粒注入岩心放置 2h 后再对突破压力进行测试，实验后岩心形貌如图 2-28 所示，突破压力测试曲线如图 2-29 所示，其突破压力为 3.06MPa，压力梯度为 43.7MPa/m，在膨胀时间增加到 2h 后，在相对膨胀时间为 0.5h 的条件下，压力梯度增加了约 18%，说明适当地增加膨胀时间有利于提高 YJ-4 的封堵能力。

图 2-28　实验后的岩心

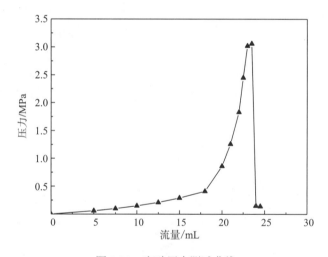

图 2-29　突破压力测试曲线

2.3.8　隔离剂破胶返排实验测试

在 120℃的条件下，分别在破胶剂添加量为 0%（不添加破胶剂）、0.02%、0.05%的条件下对 YJ-2、YJ-4、YJ-6 三种体系进行了破胶实验测试，结果如表 2-8 所示。三种凝胶颗粒体系在 120℃的高温条件下均表现出自动破胶的特性，其中 YJ-2、YJ-4 破胶后黏度小于 5mPa·s，只需添加部分表面活性剂后破胶液表面张力即可小于 28mN/m，从而达到返排要求，而 YJ-6 自动破胶后黏度略高于 5mPa·s，因此只需添加少量的破胶剂及表面活性剂即可达到破胶返排要求。

表 2-8　各体系破胶实验结果

体系名称	破胶剂加量/%	破胶时间/min	破胶液黏度/(mPa·s)	破胶液表面张力/(mN/m)	表面活性剂加量/%	添加表面活性剂后破胶液表面张力/(mN/m)
	0	600	3.2	29	0.35	27.3
YJ-2	0.02	250	0.9	58.2	0.81	27.1
	0.05	210	0.3	48.7	0.78	27.6
	0	550	2.6	28.4	0.33	27.6
YJ-4	0.02	210	0.6	66.6	0.824	27.8
	0.05	180	0.5	43.3	0.75	27.5
	0	480	7.5	37	0.46	27.3
YJ-6	0.02	240	0.6	28	/	/
	0.05	230	0.5	28.4	0.33	27.6

注：当破胶液表面张力小于等于 28mN/m 时不添加表面活性剂。

2.4　隔离剂铺置模型

在最早由赵金洲和任书泉[35]建立的支撑剂铺置数值模型中,首先要计算每个时刻的缝长,然后等分每一段,再计算每一小段支撑剂的沉降情况,并且考虑裂缝中分为纯液区、悬砂区和沙堤,是具有广泛应用价值的经典模型。但是在该模型中,只考虑了第一段液体可以确定下一个时刻所造的缝长,而之后的若干段液体都是活塞式的充填在已经决定好步长的网格中。在等高、定宽的线性滤失模型中这无疑是正确而巧妙的假设,但是在拟三维裂缝模型中,裂缝高度延伸会让活塞式驱替产生巨大的误差。因为若干时间后,即使通过调整时间间隔来让第 N 段液体填充在第一段定长度空间中,也不能保证此时第 $N{-}1$ 段,第 $N{-}2$ 段,……,第 1 段液体能够恰好退出原来所占的空间(图 2-30)。并且随着时间的推移和网格数目的增多,这种误差会逐渐增大。

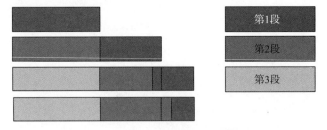

图 2-30　活塞式注入假设条件的失效

郭大立等[36]虽然将上述模型推广到了三维情况,但只是将原有模型中的参数代换成了拟三维模型中的参数,并未考虑上面提到的缝高延伸对活塞式驱替的影响。因此试图建立考虑三维延伸的隔离剂铺置数值模型,由于浓度对隔离剂的沉降有很大的影响,先要建立数值的滤失模型,在已经确定的网格上考虑支撑剂的沉降问题。

2.4.1　隔离剂铺置模型假设条件

(1)该模型需要与裂缝的拟三维模型结合,由拟三维模型给出每一单元体的维度。

（2）由于凝胶颗粒的密度与水接近，容易重新被携带液带走往裂缝深部输送，因此引入凝胶颗粒启动函数 S（砂浓度，沉降速度，支撑剂粒径，已沉降隔离剂的表面形状），目前还无法得知 S 函数的具体值以及变化特性，但是可以考虑通过实验来测定，S 函数的物理意义是单位时间、单位面积上被启动的隔离剂体积。

（3）携带液在裂缝中发生线性滤失。

（4）在考虑滤失和隔离剂铺置厚度时，将裂缝看作矩形，W 为单元体两端椭圆截面平均宽度的均值，H 为单元体两端缝高的均值，如图 2-31 所示。

（5）支撑剂在泵注时不发生沉降，在泵注完成后发生瞬时沉降，在下一段泵注开始时，发生瞬时启动并完全进入下一段中。

（6）由于铺置的是隔离剂，一般不可能达到平衡高度，暂不考虑超过平衡高度的情况。

首先将施工时间离散为 Δt 的小段，即施工时间 $T=n\Delta t$，每一小段时间内泵入的液体所占据的空间是长度可变的网格。

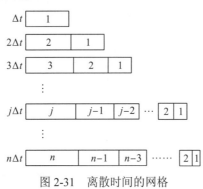

图 2-31　离散时间的网格

2.4.2　隔离剂铺置中的液体滤失

1. $T=\Delta t$ 时刻的滤失

用拟三维模型可以算出裂缝的 W_1、H_1 和 L_1。在考虑铺砂和滤失时，将原拟三维裂缝中的椭圆形剖面看成矩形，所以需要修正线性滤失系数 c^*：

$$V_{11\text{leakoff}} = \frac{c^*}{\sqrt{\Delta t}} \Delta t \frac{(L_{11}H_{11}+0)}{2} \tag{2-4}$$

$$V_{11\text{frac}} = L_{11}H_{11}W_{11} \tag{2-5}$$

$$V_{11\text{leakoff}} + V_{11\text{frac}} = Q_1\Delta t \tag{2-6}$$

式中，$V_{ij\text{leakoff}}$——i 时刻，第 j 段裂缝的酸液滤失量，m^3；

$\quad\quad V_{ij\text{frac}}$——$i$ 时刻，第 j 段裂缝的裂缝体积，m^3；

$\quad\quad Q_j$——第 j 段的排量，m^3/s；

$\quad\quad c^*$——滤失系数，$\text{m}/\sqrt{\text{s}}$；

$\quad\quad L_{ij}$——i 时刻，第 j 段裂缝的长度，m；

$\quad\quad W_{ij}$——i 时刻，第 j 段裂缝的宽度，m；

$\quad\quad H_{ij}$——i 时刻，第 j 段裂缝的高度，m；

$\quad\quad \Delta t$——时间步长，s。

可以通过第一段的体积平衡求出修正后的双面滤失系数 $c*$：

$$c* = \left(\frac{Q_1 \Delta t}{L_{11} H_{11}} - W_{11} \right) \frac{2}{\sqrt{\Delta t}} \tag{2-7}$$

将式(2-7)代入式(2-4)中可以求出 Δt 时刻第一段的滤失量 $V_{11\text{leakoff}}$ 和存留量 $V_{11\text{frac}}$。

2. $T=2\Delta t$ 时刻的滤失

这时的拟三维模型只能求出裂缝的总长 L_2，不能够给出 L_{21} 或 L_{22}，但是对于 L_{21} 段，可以给出类似于 $T=2\Delta t$ 时刻的关系式：

$$V_{21\text{leakoff}} = \frac{c*}{\sqrt{\Delta t}} \Delta t \frac{(L_{21} H_{21} + L_{11} H_{11})}{2} \tag{2-8}$$

$$V_{21\text{frac}} = L_{21} H_{21} W_{21} \tag{2-9}$$

$$V_{21\text{leakoff}} + V_{21\text{frac}} = V_{11\text{frac}} \tag{2-10}$$

将式(2-8)和式(2-9)代入式(2-10)中，化简可得 L_{21} 的表达式：

$$L_{21} = \frac{L_{11} H_{11} W_{11} - \dfrac{c*}{2} \sqrt{\Delta t} L_{11} H_{11}}{W_{21} H_{21} + \dfrac{c*}{2} \sqrt{\Delta t} H_{21}} \tag{2-11}$$

式(2-11)中 L_{11}、H_{11}、W_{11} 为已知量，L_{21}、H_{21}、W_{21} 为未知量，但是在拟三维裂缝模型中已知距离缝口为 $L_2 - L_{21}$ 的情况下，可以通过式(2-12)~式(2-14)求出该处裂缝的平均宽度 $W_{2(1.5)}$ 和缝高 $H_{2(1.5)}$。

$$Q(L_2 - L_{21}) = Q\left[1 - (L_2 - L_{21}) / L_2\right] \tag{2-12}$$

$$\begin{cases} \dfrac{\mathrm{d}P(x)}{\mathrm{d}x} = -\dfrac{\mathrm{d}H(x)}{\mathrm{d}x}\left[\dfrac{K_{\text{IC}}}{\sqrt{2\pi H^{3/4}(L_2 - L_{21})}} - \dfrac{2}{\pi}(S_2 - S_1)\dfrac{H_{\text{p}} / H(L_2 - L_{21})}{\sqrt{H^2(L_2 - L_{21}) - H_{\text{p}}^2}} \right] \\[3mm] \dfrac{\mathrm{d}H(x)}{\mathrm{d}x} = \dfrac{64}{\pi}\dfrac{Q(L_2 - L_{21})\mu(L_2 - L_{21})}{e(L_2 - L_{21})W_0^3(L_2 - L_{21})} \\[3mm] e(L_2 - L_{21}) = \dfrac{K_{\text{IC}}}{\sqrt{2\pi H}} - \dfrac{2}{\pi}(S_2 - S_1)\dfrac{H_{\text{p}}}{\sqrt{H^2(L_2 - L_{21}) - H_{\text{p}}^2}} \end{cases} \tag{2-13}$$

$$\begin{aligned} W_0(L_2 - L_{21}) = {} & \frac{2\sqrt{2}(1-\upsilon^2)}{\sqrt{\pi}E} K_{\text{IC}} \sqrt{H(L_2 - L_{21})} \\ & + \frac{4(1-\upsilon^2)}{\pi E}(S_2 - S_1)H_{\text{p}}\left[\ln H(L_2 - L_{21}) + \sqrt{H^2(L_2 - L_{21}) - H_{\text{p}}^2} - \ln H_{\text{p}}\right] \end{aligned} \tag{2-14}$$

式中，S_2——盖层和底层应力，MPa；

$\quad\ S_1$——产层应力，MPa；

$\quad\ E$——杨氏模量，MPa；

$\quad\ \upsilon$——泊松比，无量纲；

$\quad\ W_0$——最大缝宽，m；

$P(x)$——沿缝长方向压降，MPa；

$H(x)$——沿缝长方向缝高函数，m；

K_{IC}——断裂韧性，MPa·m$^{\frac{1}{2}}$；

H_{p}——产层半厚，m。

在计算中，预设一个 L_{21}，首先用式 (2-12) 求解出初值，将初值代入式 (2-13)，用四阶龙格-库塔法 (Runge-Kutta) 求解 $H_{2(1.5)}$，再用式 (2-14) 求出最大缝宽 $W_{0,2(1.5)}$，根据椭圆截面的几何关系可以得出 $W_{2(1.5)}$。再用单元体的几何关系得出 W_{21} 和 H_{21} 代入式 (2-11) 中，计算 L'_{21}，比较 L_{21} 和 L'_{21}；迭代求解 L_{21} 的真实值。

3. $T=n\Delta t$ 时刻

$T=n\Delta t$ 时刻每一段的滤失量为

$$\begin{cases} V_{n1\mathrm{leakoff}} = \dfrac{c*}{\sqrt{\Delta t}}\Delta t\dfrac{\left[L_{n1}H_{n1}+L_{(n-1)1}H_{(n-1)1}\right]}{2} \\[3mm] V_{nj\mathrm{leakoff}} = \dfrac{c*}{\sqrt{\Delta t}}\Delta t\dfrac{\left[L_{nj}H_{nj}+L_{(n-1)j}H_{(n-1)j}\right]}{2} \\[3mm] V_{nn\mathrm{leakoff}} = \dfrac{c*}{\sqrt{\Delta t}}\Delta t\dfrac{L_{nn}H_{nn}}{2} \end{cases} \tag{2-15}$$

$T=n\Delta t$ 时刻每一段的裂缝体积为

$$\begin{cases} V_{n1\mathrm{frac}} = L_{n1}H_{n1}W_{n1} \\ V_{nj\mathrm{frac}} = L_{nj}H_{nj}W_{nj} \\ V_{nn\mathrm{frac}} = Q_n\Delta t - \dfrac{c*}{\sqrt{\Delta t}}\Delta t\dfrac{L_{nn}H_{nn}}{2} \end{cases} \tag{2-16}$$

$T=n\Delta t$ 时刻每一段的长度为

$$\begin{cases} L_{n1} = \dfrac{V_{(n-1)1\mathrm{frac}}-\dfrac{c*}{2}\sqrt{\Delta t}L_{(n-1)1}H_{(n-1)1}}{W_{n1}H_{n1}+\dfrac{c*}{2}\sqrt{\Delta t}H_{n1}} \\[6mm] L_{nj} = \dfrac{V_{(n-1)j\mathrm{frac}}-\dfrac{c*}{2}\sqrt{\Delta t}L_{(n-1)j}H_{(n-1)j}}{W_{nj}H_{nj}+\dfrac{c*}{2}\sqrt{\Delta t}H_{nj}} \\[6mm] L_{nn} = L_n - \sum\limits_{j=1}^{n-1}L_{nj} \end{cases} \tag{2-17}$$

式 (2-15) 和式 (2-16) 中的各式都不能直接解出，需要用式 (2-17) 中的迭代式依次解出 L_{n1}，L_{n2}，$\cdots$，$L_{n(n-1)}$，L_{nn}，获得 $T=n\Delta t$ 时刻裂缝的网格情况，再通过式 (2-15) 和式 (2-16) 求解每一段的滤失量 V_{leakoff} 和存留量 V_{frac}。

2.4.3　隔离剂沉降模型

1. 沉降速度计算

根据斯托克沉降公式，考虑壁面和浓度校正可以得到真实沉降速度 V_{xxt}，计算过程如下。

$$v_p = \left[\frac{4g(\rho_p - \rho_f)d_p}{3\rho_f C_D}\right]^{1/2} \tag{2-18}$$

式中，v_p——颗粒沉降速度，m/s；

　　　ρ_p——隔离剂密度，kg/m^3；

　　　ρ_f——压裂液密度，kg/m^3；

　　　d_p——支撑剂粒径，m；

　　　C_D——阻力系数；无量纲。

$$f_c = \frac{C_{xxsand}^2}{10^{1.82(1-C_{xxsand})}} \tag{2-19}$$

式中，f_c——浓度校正系数，无量纲；

　　　C_{xxsand}——隔离剂浓度，无量纲。

$$\begin{cases} f_w = 1 - 0.6526\left(\frac{d_p}{W_{xx}}\right) + 0.147\left(\frac{d_p}{W_{xx}}\right)^3 - 0.131\left(\frac{d_p}{W_{xx}}\right)^4 - 0.0644\left(\frac{d_p}{W_{xx}}\right)^5 & Re_p < 1 \\ f_w = 1 - \left(\frac{d_p}{W_{xx}}\right)^{1.5} & Re_p > 100 \end{cases} \tag{2-20}$$

$$Re_p = \rho_f d_p v_p / \mu \tag{2-21}$$

式中，f_w——裂缝壁面校正系数，无量纲；

　　　W_{xx}——该处的真实裂缝宽度，m；

　　　Re_p——雷诺数，无量纲。

当 $1<Re_p<100$ 时，采用线性内插求解 f_w。

最终真实速度 V_{xxt} 为

$$V_{xxt} = f_c f_w v_p \tag{2-22}$$

2. 铺置厚度的表达式

在考察 L_{nn} 段之前，计算之前已沉积隔离剂启动后的真实沉积高度：

$$\begin{cases} h_{n1end} = h_{n1sand} - \dfrac{S_{n1}\Delta t}{1-\phi_{sand}} \\ h_{njend} = h_{njsand} - \dfrac{S_{nj}\Delta t}{1-\phi_{sand}} \\ h_{n(n-1)end} = h_{n(n-1)sand} - \dfrac{S_{n(n-1)}\Delta t}{1-\phi_{sand}} \end{cases} \tag{2-23}$$

式中，$h_{ij\text{end}}$——i 时刻结束时，第 j 段裂缝隔离剂真实沉降厚度，m；

　　　$h_{ij\text{sand}}$——i 时刻，第 j 段裂缝经典模型计算的隔离剂沉降厚度，m；

　　　S_{ij}——i 时刻，第 j 段裂缝的隔离剂启动系数，无量纲；

　　　ϕ_{sand}——隔离剂沙堆的孔隙度，无量纲。

计算每一段的隔离剂浓度 $j = 1, 2, \cdots, (n-1)$：

$$\begin{cases} C_{nn\text{sand}} = \dfrac{C_{n\text{sand}}Q_n\Delta t}{V_{nn\text{frac}}} \\[2ex] C_{nj\text{sand}} = \dfrac{C_{(n-1)j\text{sand}}\left[V_{(n-1)j\text{frac}} - \sum\limits_{i=1}^{n-2}h_{\text{set}ij}W_{(n-1)j}L_{(n-1)j}\right] - V_{nj\text{sand}} + S_{(n-1)j}W_{(n-1)j}L_{(n-1)j}\Delta t}{V_{nj\text{frac}} - \sum\limits_{i=1}^{n-1}h_{ij\text{set}}W_{nj}L_{nj}} \end{cases} \quad (2\text{-}24)$$

通过式 (2-18)～式 (2-22) 计算 V_{njt}，从而得到下沉高度、隔离剂沉降体积和隔离剂铺置高度：

$$h_{nj\text{set}} = V_{njt}\Delta t \quad (2\text{-}25)$$

$$V_{nj\text{sand}} = C_{nj\text{sand}}h_{nj\text{set}}W_{nj}L_{nj} \quad (2\text{-}26)$$

$$h'_{nj\text{sand}} = \frac{V_{nj\text{sand}}}{(1-\phi_{\text{sand}})W_{nj}L_{nj}} = \frac{C_{nj\text{sand}}h_{nj\text{set}}}{1-\phi_{\text{sand}}} \quad (2\text{-}27)$$

式中，$h_{ij\text{set}}$——i 时刻，第 j 段裂缝隔离剂的下沉高度，m；

　　　$V_{ij\text{sand}}$——i 时刻，第 j 段裂缝隔离剂体积，m³。

实际施工中 $T = n\Delta t$ 时刻的沉降不会存在重新启动的问题，$T = n\Delta t$ 的厚度增量即为 $h'_{nj\text{sand}}$，但还应该考虑加上停泵后沉降的隔离剂量。由于凝胶隔离剂需要给予充足的时间反应，所以隔离剂应该是全沉积。真实的最后时间段增量为

$$h_{nj\text{sand}} = \frac{C_{(n-1)j\text{sand}}\left[V_{(n-1)j\text{frac}} - \sum\limits_{i=1}^{n-2}h_{\text{set}ij}W_{(n-1)j}L_{(n-1)j}\right] - V_{nj\text{sand}} + S_{(n-1)j}W_{(n-1)j}L_{(n-1)j}\Delta t}{(1-\phi_{\text{sand}})W_{nj}L_{nj}} \quad (2\text{-}28)$$

由于本模型采用的是非定长网格，所以不能直接叠加得出每段的沉积厚度。但是由于已经获得了每个时刻驱替过程中的段塞界面，所以在这个模拟过程计算完毕后，在缝长方向上选取一组等距的点，判定每个点在每个时间段所处的段塞，就可以获得累计的隔离剂厚度。实例分析如下。

图 2-32 中的 1 点一直处在近井的第一段，所以其对应的高度由式 (2-29) 给出；2 点在 $j\Delta t$ 时刻之前处在近井的第二段，$j\Delta t$ 时刻恰好在界面上 (考虑算术平均)，在 $j\Delta t$ 时刻之后处在近井的第一段，所以其隔离剂厚度可由式 (2-30) 给出。

$$h_1 = \sum_{i=1}^{n-1}h_{ii\text{end}} + h_{nn\text{sand}} \quad (2\text{-}29)$$

$$h_2 = \sum_{i=2}^{j-1}h_{i(i-1)\text{end}} + \sum_{i=j+1}^{n-1}h_{ii\text{end}} + \frac{h_{jj} + h_{j(j-1)}}{2} + h_{nn\text{sand}} \quad (2\text{-}30)$$

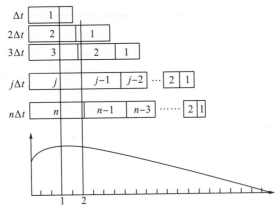

图 2-32　隔离剂铺置厚度的计算方法

在实际的程序计算中由于每一段的泵注量不同，所以网格不会像图 2-32 一样有规律地变化，这时需要由计算机程序判定某一个点在某个时刻落于什么区间，然后把小于等于 $(n-1)\Delta t$ 时刻的 h_{end} 叠加起来，再加上 $n\Delta t$ 时刻的 h_{sand}，获得总厚度。

2.4.4　凝胶隔离剂铺置情况及控缝高效果

根据上文测得的相关数据模拟了支撑剂的铺置结果，如图 2-33 所示。

从图 2-33 可以看出，由于隔离剂的沉降速度很慢，隔离剂沉降区以上的液体流速受隔离剂铺置厚度增加的影响很不明显。在泵注隔离剂一个小时后，隔离剂厚度的增速随泵注时间的增加并没有明显下降。这对于估计隔离剂的铺置厚度很有指导意义，基本上在不同的排量就可以给隔离剂厚度一个固定的增长速度。然后叠加不同时期的厚度即可得到总的厚度。本项目的数据显示，在 $4 \sim 7 m^3/min$ 的排量下，隔离剂厚度的增速可以大致估计为 0.029m/min、0.027m/min、0.025m/min、0.023m/min。

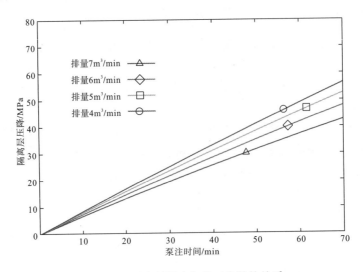

图 2-33　隔离剂厚度与施工参数的关系

第 3 章　井筒和裂缝温度场数值模拟

温度对凝胶隔离剂人工隔层控缝高技术的应用效果影响很大：一是体现在温度对凝胶隔离剂性质的影响上，温度决定了凝胶的强度、韧性和铺置效果；二是温度控制着酸岩反应速度和酸液的流变性，从而极大地影响着酸压裂缝的导流能力以及压后对控高效果的评价。因此建立较为精确的井筒温度场模型来模拟酸压施工中的井底温度是十分必要的。

3.1　井筒温度场模型的发展现状

在新工艺中涉及胶体，而胶体性质与温度密切相关，因此对井筒温度场模型的发展现状进行详细调研。井筒传热是一个比例极不协调的对流换热、非稳态热传导耦合问题。在工程数学尚不发达的年代，一般采用经验法和归纳法来估计井底温度[37]。1949 年Van-Everdingen 和 Hurst[38]将拉普拉斯变换引入石油学界之后，非稳态模型开始了长期的繁荣发展，同时也诞生了大量井筒温度场的解析和半解析模型。

1962 年，Ramey[39]引入了 Van-Everdingen 等推导的时间函数概念，运用热工原理和热力学知识，建立了非稳态的井筒温度场模型，这是对井筒温度场计算的开创性成果，是经典的井筒温度场解析模型。但时间函数是对拉普拉斯变换结果的近似修正，在非稳态早期并不准确。

1970 年，Eickmeier 等[40]采用传热过程的分析方法，建立了非稳态井筒温度场的数值模型，认为该模型的模拟结果与早期和晚期的实际情况都能够良好吻合。但是其在该模型中对油套管壁、环空、水泥环等做了近似处理，认为它们的热物性不随温度发生变化，并且总是具有稳态时的热阻，因此该模型在早期的模拟精确程度还有待商榷。

1990 年，劳伦斯伯克利实验室的 Wu 和 Pruess[41]采用准确的拉普拉斯变换和逆变换方法，建立了井筒温度场的解析模型(实际上是采用了垂向分段假设的半解析模型)。该模型能够赋予各个层段不同的导温系数，但是同样对中间层(油管壁、油套环空、套管壁)采用了稳态热阻的假设(不考虑热物性变化)，并将水泥环简化为地层的一部分。

从 1991 年开始，Hasan 和 Kabir 等[42-45]在 SPE 上发表了大量有关井筒温度场的研究成果，形成了其独有的温度场模拟体系和一些经验处理方法。其在 1991 年发表了考虑焦汤效应的两相流井筒温度场模拟方法，在该模型中假设油管内是稳态的两相流动而地层中是非稳态的热传导过程。其在 1994 年推导了钻井过程中地层温度分布的确定方法，并根据实测数据对模型进行了修正。其在 2003 年认为以往的温度场模型中没有考虑中间层温度变化造成的热损失，低估了井底温度，引入了 CT 分数修正流体温度变化予以弥补。不可否认，Hasan 和 Kabir 等对井筒温度场的发展做出了巨大贡献，但是他们建立的模型运用了很多近似方法(例如直接采用稳态的垂向温度梯度代替非稳态的垂向温度梯度)，这在物理背景和数学推导上都是不可接受的。并且在地层的非稳态热传导模型中引入了松弛距离 LR 的概念，该概念的本质就是 Ramey 模型中的时间函数，因此与 Ramey 模型一样存在不能给出早期精确解的问题。

2000 年，Fan 等[46]建立了回压试井的井筒温度场模型，考虑了气体相变对温度的影响，并引入了传热学中的普朗特数和格拉晓夫数对环空进行处理，比 Ramey 模型和 Hasan 模型的中间层计算方法更加合理。

2004 年，Hagoort[47]回顾了经典的 Ramey 模型，再次论证了 Ramey 模型长期解的准确性，提出了 N_{Ra}、N_{GZ} 和 U_D，并分别定义为 Ramey 数、格里茨数和热表皮，认为这三个无量纲数是影响井筒传热的主要因素。其中 Ramey 数 N_{Ra} 是传入或传出到地层的热量与垂向携带的热量之比，当 N_{Ra} 较小时传热主要受管内对流控制，当 N_{Ra} 较大时地层对管内液体有明显的冷却或者加热作用；格里茨数 N_{GZ} 是傅里叶数与无因次时间之比；热表皮 U_D 是地层热阻与井周热阻之比。该模型采用拉普拉斯变换和数值反演求解是精确的解析模型，因此才能用来校正 Ramey 模型。

2006 年，Bulent 等[48]重新解释了 Hasan 定义的松弛距离 L_R，建立了松弛距离随井深不断改变的井筒温度场模型，但是该模型依然没有摆脱静态垂向压力梯度和时间函数的假设带来的早期解误差。

2010 年，McSpadden 和 Coker[49]在 Hasan 和 Ramey 模型的基础上，建立了考虑井工厂或者钻井平台上大型丛式井的井筒传热模型。

2013 年，Yoshida 等[50]在质量、能量、动量守恒的基础上，耦合井筒模型和油藏传热的数值模型，模拟了水平井分段酸压时的温度场，认为井筒水平段的温度场会在一定程度上受到裂缝几何尺寸的影响。

此外 Merlo、Spindler 和 Mendes 等[51-53]也根据自己的思路建立了井筒温度场模型，但是这些模型或者经验性过强，或者忽略因素过多、太过简单，总体来说实用价值不高，推导不够严密。

国内对于井筒温度场的研究大多是从国外吸收转化而来的，比较具有代表意义的主要有：1986 年，赵金洲和任书泉[54]在 Eickmeier 模型的基础上改进，建立了适合于压裂应用的非稳态井筒传热数值模型，该模型为隐式差分格式无条件收敛，因此可以选择更大的步长降低计算难度；1997 年，Wu 等[55]通过复杂的偏微分方程和正交变换方法，建立了三维空间中的水平井井筒温度场模型，该模型主要解决了地层中的温度分布问题，但是没有研究管内的流体换热过程；高云松等[56]研究了抽油空心杆电加热问题；桂烈亭等[57]推导了稠油蒸汽驱的井筒温度场模型；王杰祥等[58]建立了电潜泵井井筒的温度分布模型。

国内外对于井筒温度分布的研究重心有明显区别。自从赵金洲等建立了非稳态井筒温度场模型以来，国内就没有提出更多新的模拟方法，转而开始针对不同的井况用现有模型进行案例式的分析。国外则是力图提高模拟的精确程度，不断推陈出新各种富有独到见解的井筒温度场新模型。

3.2　模型的基本假设

根据已有的研究和目前的技术手段可以对井筒注入物理模型做如下假设。

（1）由于是酸压过程，因此不考虑焦汤效应，并认为流体是不可压缩的，从井口到井底流动速度不会发生变化，机械能不向内能转化。

（2）在轴向上按照地层的热物性划分层段，在径向上按照物理界面划分网格，管内的热传导是在轴向进行的，而地层中的热传导是在径向进行的。

（3）考虑酸液在油管中流动时与油管壁在缓蚀剂作用下微量反应，研究其对最终井底温度的影响。

（4）地层、管串和环空是均质、各向同性的，并且关于井轴对称。

（5）忽略径向上各个界面之间的界面热阻。

（6）假设油管壁和套管壁的热阻是稳态的。

对模型假设条件的补充和说明如下。

（1）Eickmeier 模型中，管内流体采用了差分格式计算，但实际上，液体流入和流出控制体网格时的温度是一直变化的。在酸压的高排量施工中，控制体网格的上顶点和下顶点在时间步长以内接触的液体温度差异很大，除非时间步长取值很小才能认为是满足精度的。在地层的非稳态热传导过程中也存在类似的情况。因此在下文的推导中首先建立了管内对流换热和地层（包含水泥环）非稳态热传导方程的解析形式，然后再进行耦合以解决上述问题。

（2）管内的强迫对流换热系数和环空中的腔体自然对流换热系数是变化的，需要迭代求解，选择平均温度作为流体的定性温度。

（3）在建立该模型前，试图对环空采用等效导热系数的假设，然后进行六层的拉普拉斯变换解出数学上完全精确的非稳态解，但是结果过于复杂，不便于应用。因此根据不同材料的导温系数进行假设，涉及的热物性参数见表 3-1。

表 3-1　各层材料的热物性参数

材料	导热系数/ ［W/(m·℃)］	密度/ (kg/m³)	比热容/ ［J/(kg·℃)］	导温系数/ (m²/s)
低碳钢	47.50～50.50	7840	465.0	$1.30\times10^{-5}\sim1.39\times10^{-5}$
固井水泥	1.11～1.74	1900～2100	1880.0～2220.0	$2.40\times10^{-7}\sim4.87\times10^{-7}$
灰岩	1.70～2.68	2410～2670	824.8～950.4	$0.82\times10^{-6}\sim1.22\times10^{-6}$
白云岩	2.52～3.79	2530～2720	921.1～1000.6	$0.93\times10^{-6}\sim1.63\times10^{-6}$
砂岩	2.18～5.10	2300～2970	762.0～1071.8	$0.68\times10^{-6}\sim2.91\times10^{-6}$
页岩	1.72	2570～2770	774.6	$8.01\times10^{-7}\sim8.60\times10^{-7}$

导温系数是衡量温度在某种介质中传播速度的指标，由表 3-1 可以看出低碳钢的导温系数最高，而水泥环的导温系数最低。温度在低碳钢中传播的速度分别是在砂岩、白云岩、

灰岩、页岩、水泥环中传播速度的 4.5～20 倍、8.0～15.0 倍、10.7～17.0 倍、15.1～17.4 倍、26.7～57.9 倍；考虑到油套管壁一般只有 1～2cm 厚，因此油套管内外壁面的温差不大，可以考虑这两层拥有稳态的热阻。而水泥环和地层中的传热是明显的非稳态过程。

(4) 腔体的自然对流换热物性参数由水的基本参数采用 Hermite 插值获得，插值点选取表 3-2 中各个点的热物性。

表 3-2　水的热物性参数

温度/ ℃	密度/ (kg/m³)	比定压热容/ [J/(kg·℃)]	导热系数/ [W/(m·℃)]	导温系数/ (m²/s)	运动黏度/ (m²/s)	体积膨胀系数/ ℃⁻¹	普朗特 数
20	999.2	4183	0.599	14.3×10^{-6}	1.006×10^{-6}	2.09×10^{-4}	7.02
50	988.1	4174	0.648	15.7×10^{-6}	5.560×10^{-7}	4.57×10^{-4}	3.54
80	971.8	4195	0.674	16.6×10^{-6}	3.650×10^{-7}	6.40×10^{-4}	2.21
110	951.0	4233	0.685	17.0×10^{-6}	2.720×10^{-7}	8.04×10^{-4}	1.60
140	926.1	4287	0.685	17.2×10^{-6}	2.170×10^{-7}	9.68×10^{-4}	1.26
170	897.3	4380	0.679	17.3×10^{-6}	1.810×10^{-7}	11.52×10^{-4}	1.05

3.3　井筒温度场模型的建立

根据假设条件井筒温度场模型(图 3-1)可以分为 1 区、2 区和过渡区三个区，如图 3-2 所示。r_1、r_2、r_3、r_4、r_5 分别为油管内壁、油管外壁、套管内壁、套管外壁和井壁到油管中心的距离。在酸压过程中，1 区主要进行酸液与油管的强迫对流换热，2 区则是水泥环

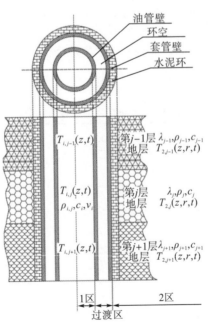

图 3-1　井筒温度场模型和物性参数

与地层的非稳态热传导，在过渡区从内到外依次进行油管壁导热、环空的腔体自然对流换
热和套管壁的导热。

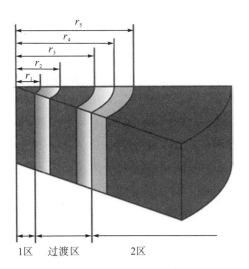

图 3-2　井筒温度场模型的综合传热过程

3.3.1　油管内热平衡方程

在油管内沿长度方向取一微元体如图 3-3 所示，由于不考虑机械能向内能转化，该微
元体的热平衡由流出和流入该微元体的酸液所携热量之差、传入或传出微元体的热量以及
由于酸液和油管反应所产生的热量所决定。其中流出和流入微元体的酸液所携热量之差
ΔQ_{flow} 为

$$\Delta Q_{\text{flow}} = \rho_1 c_1 Q \partial t T_{1,j} - \rho_1 c_1 Q \partial t \left(T_{1,j} + \partial T_{1,j} \right) \tag{3-1}$$

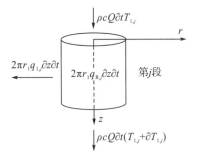

图 3-3　油管内的热平衡

传入或传出微元体的热量 $\Delta Q_{\text{transfer}}$ 为（传入为正、传出为负）

$$\Delta Q_{\text{transfer}} = \pm 2\pi r_1 q_{1,j} \partial z \partial t \tag{3-2}$$

酸液与油管反应产生的热量 $\Delta Q_{\text{reaction}}$ 为

$$\Delta Q_{\text{reaction}} = 2\pi r_1 q_{\text{R},j} \partial z \partial t \tag{3-3}$$

根据热平衡并进行化简后有如下管内方程：

$$\rho_1 c_1 v_1 \frac{\partial T_{1,j}}{\partial z} + \rho_1 c_1 \frac{\partial T_{1,j}}{\partial t} + \frac{2}{r_1}\left(q_{1,j} - q_{R,j}\right) = 0 \tag{3-4}$$

式中，ΔQ_{flow}——流出和流入微元体的酸液所携热量之差，J；

　　　　$\Delta Q_{transfer}$——传入或传出的热量，J；

　　　　$\Delta Q_{reation}$——反应生成的热量，J；

　　　　$T_{1,j}$——油管中第 j 段流体的温度，是垂深 z 和时间 t 的函数，℃；

　　　　ρ_1——管内酸液的密度，kg/m^3；

　　　　c_1——管内酸液的比热，J/(kg·℃)；

　　　　v_1——液体在管内的流速，m/s；

　　　　$q_{1,j}$——第 j 段管道向外传热的热流密度，W/m^2；

　　　　$q_{R,j}$——单位时间内，第 j 段管道单位面积油管和酸液反应产生的热量，W/m^2；

　　　　t——注液开始时的时间，s；

　　　　z——垂向深度，m。

式 (3-4) 的热平衡方程中仅有 $q_{1,j}$ 为未知数，它是由地层温度和管内液体与水泥环之间的热阻所决定的。由于碳钢的导热系数和环空腔体内的等效导热系数相比于水泥环和地层的导热系数要大得多，因此可以将油管壁、套管壁和环空的热阻等效为稳态热阻，于是对于 $q_{1,j}$ 有如下表达式：

$$q_{1,j} = \frac{R_j}{r_1}\left(T_{1,j} - T_{2,j}\big|_{r=r_4}\right) \tag{3-5}$$

$$\frac{1}{R_j} = \frac{1}{\alpha_{1,j} r_1} + \frac{1}{\lambda_t}\ln\frac{r_2}{r_1} + \frac{2}{\alpha_{e,j}(r_2+r_3)} + \frac{1}{\lambda_t}\ln\frac{r_4}{r_3} \tag{3-6}$$

式中，R_j/r_x——距井筒 r_x 远处的综合传热系数，W/(m^2·℃)；

　　　　$T_{2,j}$——第 j 层水泥环的温度，是垂深 z、轴心距 r 和时间 t 的函数，℃；

　　　　$\alpha_{1,j}$——管内的强迫对流换热系数，随时间 t 和垂深 z 变化，W/(m^2·℃)；

　　　　$\alpha_{e,j}$——环空中腔体的自然对流换热系数，随 t 和 z 变化，W/(m^2·℃)；

　　　　λ_t——油管和套管钢材的导热系数，W/(m·℃)。

3.3.2　非稳态导热

水泥环和地层中的非稳态热传导方程可以用式 (3-7) 表示：

$$\begin{cases} \dfrac{\partial T_{2,j}}{\partial t} = a_{2,j}\left(\dfrac{\partial^2 T_{2,j}}{\partial r^2} + \dfrac{1}{r}\dfrac{\partial T_{2,j}}{\partial r}\right) \\[3mm] \dfrac{\partial T_{3,j}}{\partial t} = a_{3,j}\left(\dfrac{\partial^2 T_{3,j}}{\partial r^2} + \dfrac{1}{r}\dfrac{\partial T_{3,j}}{\partial r}\right) \end{cases} \tag{3-7}$$

式中，$T_{3,j}$——第 j 层地层的温度，是垂深 z、轴心距 r 和时间 t 的函数，℃；

　　　　$a_{2,j}$——第 j 层水泥环的导温系数，m^2/s；

　　　　$a_{3,j}$——第 j 层地层的导温系数，m^2/s。

3.3.3　定解条件

油管内的液体和地温分布一致，因此初始条件为

$$T_{i,j}(t=0) = f(z) = az + T_{air} \tag{3-8}$$

式中，i——$i=1$ 为油管内温度，$i=2$ 为水泥环温度，$i=3$ 为地层温度，℃；

　　　a——地温梯度，℃/m；

　　　T_{air}——常温层温度，℃。

第 1 层油管的上边界条件等于井口注入温度，第 j 层的上边界条件等于上一段在底部的温度，可用式 (3-9) 表示：

$$\begin{cases} T_{1,1}(z=0) = T_{inj} \\ T_{1,j}(z=z_{j-1}) = T_{1,j-1}(z=z_{j-1}) \end{cases} \tag{3-9}$$

式中，T_{inj}——酸液的注入温度，℃；

　　　z_{j-1}——j-1 段的底部距井口的距离，m。

水泥环的内边界条件是第二类边界条件，水泥环与地层的接触面是无热阻的第一类和第二类边界条件，地层的外边界条件等于地温梯度：

$$\begin{cases} r = r_4 & q_{1,j} = \dfrac{R_j}{r_4}\left(T_{1,j} - T_{2,j}\big|_{r=r_4}\right) \\ r = r_5 & T_{2,j} = T_{3,j} \\ r = r_5 & q_{2,j} = q_{3,j} \\ r \to \infty & T_{3,j} = f(z) \end{cases} \tag{3-10}$$

式中，$q_{2,j}$——水泥环中的热流密度，W/m²；

　　　$q_{3,j}$——地层中的热流密度，W/m²。

由式 (3-4) 和式 (3-7) 组成的方程组需要 $5j$ 个边界条件（j 个关于 z，$4j$ 个关于 r）和 $3j$ 个初始条件，式 (3-8) 可以给出 $3j$ 个初始条件，式 (3-9) 可以给出 j 个边界条件（关于 z），式 (3-10) 可以给出 $4j$ 个边界条件（关于 r），因此可以构成一个完整的定解问题。

3.4　模型的求解

本节将讨论模型中涉及的一些经验常数的确定方法（例如 α_1 和 α_e），并详细推导模型的无因次化、拉普拉斯变换和逆变换过程，以及比较 Stechfest 数值反演方法的计算精度。

3.4.1　对流换热系数

需要确定的对流换热系数包括油管内的强迫对流换热系数 α_1 和环空中腔体的自然对流换热系数 α_e。首先需要引入几个传热学中的准则数[59,60]，表征对流换热程度强弱的努塞尔数 Nu，表征流态特征的雷诺数 Re，表征浮升力和自然对流换热程度强弱的格拉晓夫数

Gr，表征流体物性对换热影响的普朗特数 Pr，表征自然对流换热和热传导相对强弱的瑞利数 Ra。

$$Nu = \frac{\alpha L}{\lambda} \tag{3-11}$$

$$Re = \frac{\rho v L}{\mu} \tag{3-12}$$

$$Gr = \frac{\rho^2 \beta g L^3 \Delta T}{\mu^2} \tag{3-13}$$

$$Pr = \frac{\mu c_p}{\lambda} \tag{3-14}$$

$$Ra = Gr \cdot Pr \tag{3-15}$$

式中，L——定型尺寸（对于圆管是管径），m；

v——特征速度（最大流速或平均流速），m/s；

μ——流体动力黏度，mPa·s；

β——流体体积膨胀系数，℃$^{-1}$；

ΔT——温差，℃；

g——重力加速度，m^2/s；

c_p——比定压热容，J/(kg·℃)。

式 (3-11)～式 (3-15) 中的各类物性参数是指在定性温度（平均温度）下的物性，努塞尔数 Nu 是一个待定系数，而其他准则数是通过物性参数计算出来的，因此一般直接用实验确定 Nu 与其他准则数的经验拟合关系来计算对流换热系数 α。管内强迫对流换热的准则方程可由式 (3-16) 确定[61]：

$$Nu = 0.023 Re^{0.8} Pr^{1/3} \left(\frac{\mu_f}{\mu_w}\right)^{0.14} \left[1 + \left(\frac{D}{Z}\right)^{0.7}\right] \tag{3-16}$$

式中，μ_f——流体温度下的流体黏度，mPa·s；

μ_w——壁面温度下的流体黏度，mPa·s；

D——油管的内径，m；

Z——井深，m。

式 (3-16) 的应用条件是 $Re>104$，$Pr=0.7\sim16700$（排量高于约 0.5m^3/min 时即可满足要求）；其中最右端一项是对短管的修正，由于井深远远大于油管直径，因此可以忽略。

在前期的模型中一般会都忽略流体物性改变对换热系数的影响，但对于酸压来说，油管内酸液黏度的变化范围很大，必须考虑黏度变化对 Nu 的影响。黏度的变化规律可以采用各类拟合的经验式[62]来进行计算，对于胶凝酸的黏度可由如下经验式给出：

$$\mu = 0.8052 e^{\frac{1855}{T+273}} (Q+1)^{-0.506} \tag{3-17}$$

腔体对流换热系数的处理有两种方法，一是采用 Holman 提到的等效热阻方法[63]，首先竖直圆筒型腔体和竖直平板型腔体的准则方程是一致的，因此对于环空腔体的导热系数可用式 (3-18) 估计：

$$\frac{\lambda_e}{\lambda} = C\left(Gr \cdot Pr\right)^n \left(\frac{Z}{\delta}\right)^m \tag{3-18}$$

式中，λ_e——腔体中流体的等效导热系数，W/(m·℃)；

　　　　λ——腔体中流体在定性温度下的导热系数，W/(m·℃)；

　　　　δ——腔体平行壁面的间距，m；

　　　　C——经验常数，无量纲；

　　　　n、m——经验指数，无量纲。

经验常数和经验指数可用表 3-3 确定，该方法一般在高距比 (Z/δ) 小于 40 时使用，部分学者认为在高距比大于 40 后，可以直接取 m 为 0，但这种说法并没有得到实验或者理论的验证。

表 3-3　竖直圆筒形腔体的等效导热系数参数

Ra	Pr	C	n	m
<2000		$\lambda_e/\lambda=1$		
$6\times10^3 \sim 2\times10^5$	0.5~2.0	0.197	1/4	-1/9
$2\times10^5 \sim 1.1\times10^7$	0.5~2.0	0.073	1/3	-1/9
$10^6 \sim 10^9$	1.0~20.0	0.046	1/3	0

等效导热系数的方法可以直接将腔体问题转化为热传导问题，大大简化了运算过程。但没有验证高距比大于 40 的情况，因此 Rohsenow[64] 推荐了竖直圆筒型腔体的 Nu 图版（图 3-4）。

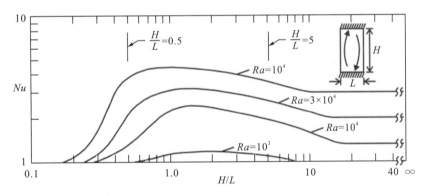

图 3-4　竖直圆筒型腔体对流换热的 Nu 图版

从图 3-4 中可以看出在高距比趋于无穷时，Nu 逐步稳定与高距比无关；并且当 $Ra(H/L)^3 < 4\times10^{12}$ 时，Nu 满足式（3-19），当 $Ra(H/L)^3 > 4\times10^{12}$ 时，Nu 满足式（3-20）。

$$Nu = \text{Max}\left[1, 0.36Pr^{0.051}\left(\frac{L}{Z}\right)^{0.36}Ra^{0.25}, 0.084Pr^{0.051}\left(\frac{L}{H}\right)^{0.1}Ra^{0.3}\right] \tag{3-19}$$

$$Nu = 0.039Ra^{1/3} \tag{3-20}$$

对比式(3-20)和表 3-2 中 m 取 0 的情况,计算结果略有差异,因此考虑采用式(3-20)的准则方程来计算环空腔体的自然对流换热系数。

对流换热系数是流体物性的函数,而定性温度是平均温度,因此需要进行迭代求解。首先选取某一个温度作为定性温度,计算出口温度,然后将此时的平均温度与迭代初值进行比较,如果相差过大,就再将第二次计算出的平均温度代回物性方程,重新迭代,直至满足误差为止。

3.4.2 无因次化

无因次化可以避免单位换算对结果的影响,只要采用一套单位制度就能够得到准确的计算结果。并且非稳态的热传导方程是贝塞尔方程,采用适当的无因次化方法可以得到 0 阶的贝塞尔方程,可以大大简化计算,因此在本节中采用式(3-21)～式(3-24)进行无因次化。

$$\Phi_{i,j} = \frac{T_{i,j} - f(z)}{T_{\text{inj}} - T_{\text{air}}} \tag{3-21}$$

$$r_{\text{D}} = \frac{r}{r_4} \tag{3-22}$$

$$z_{\text{D}} = \frac{z}{Z} \tag{3-23}$$

$$t_{\text{D}} = \frac{tv_1}{Z} \tag{3-24}$$

式中,$\Phi_{i,j}$——第 j 层的无因次温度,无量纲;

r_{D}——无因次轴心距,无量纲;

z_{D}——无因次井深,无量纲;

t_{D}——无因次时间,无量纲。

进行逐项计算后,可以得到式(3-25)的无因次方程:

$$\begin{cases} \dfrac{\partial \Phi_{1,j}}{\partial t_{\text{D}}} + \dfrac{\partial \Phi_{1,j}}{\partial z_{\text{D}}} + \beta_1 \left(\Phi_{1,j} - \Phi_{2,j} \big|_{r_{\text{D}}=1} \right) + \beta_2 = 0 \\[3mm] \dfrac{\partial^2 \Phi_{2,j}}{\partial r_{\text{D}}^2} + \dfrac{1}{r_{\text{D}}} \dfrac{\partial \Phi_{2,j}}{\partial r_{\text{D}}} = \beta_{32} \dfrac{\partial \Phi_{2,j}}{\partial t_{\text{D}}} \\[3mm] \dfrac{\partial^2 \Phi_{3,j}}{\partial r_{\text{D}}^2} + \dfrac{1}{r_{\text{D}}} \dfrac{\partial \Phi_{3,j}}{\partial r_{\text{D}}} = \beta_{33} \dfrac{\partial \Phi_{3,j}}{\partial t_{\text{D}}} \end{cases} \tag{3-25}$$

初始条件无因次化后为齐次条件式(3-26),由此可以得到 0 阶的贝塞尔方程,简化运算过程。

$$\Phi_{i,j} = 0 \tag{3-26}$$

管内的上边界条件可以简化为

$$\begin{cases} \Phi_{1,1}(z_{\text{D}} = 0) = 1 \\ \Phi_{1,j}(z_{\text{D}} = z_{\text{D}j-1}) = \Phi_{1,j-1}(z_{\text{D}} = z_{\text{D}j-1}) \end{cases} \tag{3-27}$$

非稳态热传导区的内、外边界条件和界面条件可以简化为

$$\begin{cases} r_{\mathrm{D}} = 1 & \dfrac{\partial \varPhi_{2,j}}{\partial r_{\mathrm{D}}} = \beta_4 \left(\varPhi_{2,j} \big|_{r_{\mathrm{D}}=1} - \varPhi_{1,j} \right) \\[3mm] r_{\mathrm{D}} = \dfrac{r_5}{r_4} & \varPhi_{2,j} = \varPhi_{3,j} \\[3mm] r_{\mathrm{D}} = \dfrac{r_5}{r_4} & \lambda_2 \dfrac{\partial \varPhi_{2,j}}{\partial r_{\mathrm{D}}} = \lambda_3 \dfrac{\partial \varPhi_{3,j}}{\partial r_{\mathrm{D}}} \\[3mm] r_{\mathrm{D}} \to \infty & \varPhi_{3,j} = 0 \end{cases} \tag{3-28}$$

式 (3-25) 和式 (3-28) 中的 β_1、β_2、β_{32}、β_{33} 和 β_4 分别为

$$\beta_1 = \frac{2R_j}{r_1^2} \frac{Z}{\rho_1 c_1 v_1} \tag{3-29}$$

$$\beta_2 = \frac{Z}{T_{\mathrm{inj}} + T_{\mathrm{air}}} \left[\frac{\partial f(z)}{\partial z} - \frac{2q_{\mathrm{R},j}}{r_1 \rho_1 c_1 v_1} \right] \tag{3-30}$$

$$\beta_{32} = \frac{v_1 r_4^2}{Z a_{2,j}} \tag{3-31}$$

$$\beta_{33} = \frac{v_1 r_4^2}{Z a_{3,j}} \tag{3-32}$$

$$\beta_4 = \frac{R_j}{\lambda_2} \tag{3-33}$$

3.4.3　拉普拉斯变换

非稳态问题一般采用拉普拉斯变换[65]解决，与傅里叶变换相比具有如下优点。

(1) 傅里叶变换的存在条件是函数在全区间 $(-\infty, \infty)$ 绝对可积。该条件要求 $|x| \to \infty$ 时，$f(x) \to 0$。但实际上，很多函数都不满足此条件，例如常函数、正余弦函数、线性函数和单位阶跃函数等。

(2) 傅里叶变换要求函数 $f(x)$ 在全区间 $(-\infty, \infty)$ 有定义，而时间变量仅存在于正半轴，以时间 t 为变量的函数 $f(t)$ 无法进行傅里叶变换。

因此拉普拉斯引入了一种新的针对时间变量的积分变换方法，即拉普拉斯变换 (简称拉氏变换)：

$$F(s) = \int_0^\infty f(t) e^{-st} \mathrm{d}t \tag{3-34}$$

式中，s——拉氏变量。

考虑无因次温度的拉氏变换具有如下形式：

$$\overline{\varPhi_{i,j}} = \int_0^\infty \varPhi_{i,j} e^{-st} \mathrm{d}t \tag{3-35}$$

因此采用式 (3-34)、式 (3-25) 和拉氏变换的微分性质对式 (3-26) 进行拉氏变换可得

$$\begin{cases} \dfrac{\partial \overline{\varPhi_{1,j}}}{\partial z_{\mathrm{D}}} + \left(s+\beta_1\right)\overline{\varPhi_{1,j}} - \beta_1\overline{\varPhi_{2,j}}\Big|_{r_{\mathrm{D}}=1} + \dfrac{\beta_2}{s} = 0 \\[3mm] r_{\mathrm{D}}^2 \dfrac{\partial^2 \overline{\varPhi_{2,j}}}{\partial r_{\mathrm{D}}^2} + r_{\mathrm{D}} \dfrac{\partial \overline{\varPhi_{2,j}}}{\partial r_{\mathrm{D}}} - \beta_{32} s r_{\mathrm{D}}^2 \overline{\varPhi_{2,j}} = 0 \\[3mm] r_{\mathrm{D}}^2 \dfrac{\partial^2 \overline{\varPhi_{3,j}}}{\partial r_{\mathrm{D}}^2} + r_{\mathrm{D}} \dfrac{\partial \overline{\varPhi_{3,j}}}{\partial r_{\mathrm{D}}} - \beta_{33} s r_{\mathrm{D}}^2 \overline{\varPhi_{3,j}} = 0 \end{cases} \tag{3-36}$$

采用式(3-34)对管内的上边界条件式(3-27)进行拉氏变换可得

$$\begin{cases} \overline{\varPhi_{1,1}}(z_{\mathrm{D}}=0) = \dfrac{1}{s} \\[3mm] \overline{\varPhi_{1,j}}(z_{\mathrm{D}}=z_{\mathrm{D}j-1}) = \overline{\varPhi_{1,j-1}}(z_{\mathrm{D}}=z_{\mathrm{D}j-1}) \end{cases} \tag{3-37}$$

采用式(3-34)对非稳态传热区的内、外边界条件和界面条件进行拉氏变换,并考虑拉氏变换的线性性质有

$$\begin{cases} r_{\mathrm{D}}=1 & \dfrac{\partial \overline{\varPhi_{2,j}}}{\partial r_{\mathrm{D}}} = \beta_4\left(\overline{\varPhi_{2,j}}\Big|_{r_{\mathrm{D}}=1} - \overline{\varPhi_{1,j}}\right) \\[3mm] r_{\mathrm{D}}=\dfrac{r_5}{r_4} & \overline{\varPhi_{2,j}} = \overline{\varPhi_{3,j}} \\[3mm] r_{\mathrm{D}}=\dfrac{r_5}{r_4} & \lambda_2 \dfrac{\partial \overline{\varPhi_{2,j}}}{\partial r_{\mathrm{D}}} = \lambda_3 \dfrac{\partial \overline{\varPhi_{3,j}}}{\partial r_{\mathrm{D}}} \\[3mm] r_{\mathrm{D}} \to \infty & \overline{\varPhi_{3,j}} = 0 \end{cases} \tag{3-38}$$

3.4.4 拉氏空间解

式(3-36)的第二式和第三式是贝塞尔方程的标准形式之一,因此它们的解可以用第一类和第二类修正贝塞尔函数表示,对于第二式的解为式(3-39),对于第三式的解为式(3-40):

$$\overline{\varPhi_{2,j}} = A_j I_0\left(\sqrt{\beta_{32}s}\,r_{\mathrm{D}}\right) + B_j K_0\left(\sqrt{\beta_{32}s}\,r_{\mathrm{D}}\right) \tag{3-39}$$

$$\overline{\varPhi_{3,j}} = D_j I_0\left(\sqrt{\beta_{33}s}\,r_{\mathrm{D}}\right) + C_j K_0\left(\sqrt{\beta_{33}s}\,r_{\mathrm{D}}\right) \tag{3-40}$$

式中,I_n——n阶的第一类修正贝塞尔函数;

K_n——n阶的第二类修正贝塞尔函数。

第一类和第二类修正贝塞尔函数的表达式分别由式(3-41)和式(3-42)定义[66, 67]:

$$\begin{cases} I_n = i^{-n} J_n\left(ix\right) = \displaystyle\sum_{k=0}^{\infty} \dfrac{1}{k!\,\Gamma\left(n+k+1\right)}\left(\dfrac{x}{2}\right)^{n+2k} \\[3mm] I_{-n} = i^{n} J_{-n}\left(ix\right) = \displaystyle\sum_{k=0}^{\infty} \dfrac{1}{k!\,\Gamma\left(-n+k-1\right)}\left(\dfrac{x}{2}\right)^{-n+2k} \end{cases} \tag{3-41}$$

$$K_n\left(x\right) = \dfrac{\pi}{2}\dfrac{I_{-n}\left(x\right) - I_n\left(x\right)}{\sin n\pi} \tag{3-42}$$

式中，J_n——n 阶的第一类贝塞尔函数；

　　Γ——伽马函数，表达式为式(3-43)。

$$\Gamma(z) = \int_0^{\infty} u^{z-1} e^{-u} \mathrm{d}u = \lim_{n \to \infty} \frac{n! \, n^z}{z(z+1) \cdots (z+n)} \tag{3-43}$$

　　将式(3-39)和式(3-40)代入式(3-38)的第四式，并结合第一类和第二类修正贝塞尔函数曲线图(图 3-5 和图 3-6)可以发现，当所求温度区间包含无穷远处时，为了满足物理边界条件(即所求物理量必须在有限范围内，不能为无穷大)，解中不能包含第一类修正贝塞尔函数，当所求温度区间包含 0 处时，为了满足物理边界条件，解中不能包含第二类修正贝塞尔函数。因此为了满足地层温度区间中无穷远处的物理边界条件，需要 $D_j \equiv 0$。

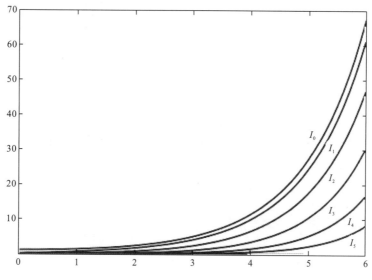

图 3-5　第一类修正贝塞尔函数

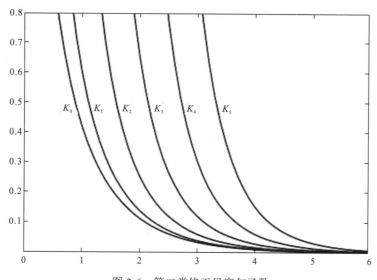

图 3-6　第二类修正贝塞尔函数

再将式(3-39)和式(3-40)代入式(3-28)的其余三式并考虑到修正贝塞尔函数的微分性质，可得到如下线性方程组：

$$PX = S \tag{3-44}$$

式(3-44)中的 P、X、S 矩阵分别由式(3-45)～式(3-47)给出：

$$P = \begin{bmatrix} \sqrt{\beta_{32}}s I_1\left(\sqrt{\beta_{32}}s\right) - & -\sqrt{\beta_{32}}K_1\left(\sqrt{\beta_{32}}s\right) - \\ \beta_4 I_0\left(\sqrt{\beta_{32}}s\right) & \beta_4 K_0\left(\sqrt{\beta_{32}}s\right) & 0 \\ I_0\left(\sqrt{\beta_{32}}s\dfrac{r_5}{r_4}\right) & K_0\left(\sqrt{\beta_{32}}s\dfrac{r_5}{r_4}\right) & K_0\left(\sqrt{\beta_{33}}s\dfrac{r_5}{r_4}\right) \\ I_1\left(\sqrt{\beta_{32}}s\dfrac{r_5}{r_4}\right) & -K_1\left(\sqrt{\beta_{32}}s\dfrac{r_5}{r_4}\right) & \dfrac{\sqrt{\beta_{33}}\lambda_3}{\sqrt{\beta_{32}}\lambda_2}K_1\left(\sqrt{\beta_{32}}s\dfrac{r_5}{r_4}\right) \end{bmatrix} \tag{3-45}$$

$$X = \begin{bmatrix} A_j & B_j & C_j \end{bmatrix}^T \tag{3-46}$$

$$S = \begin{bmatrix} -\varPhi_{1,j}\beta_4 & 0 & 0 \end{bmatrix}^T \tag{3-47}$$

解出线性方程组式(3-44)中的 A_j、B_j、C_j 就可以建立管内温度和水泥环温度、地层温度的关系。但是矩阵 P 中包含的 0 阶或 1 阶的修正贝塞尔函数，只要类型不同、阶数不同（P 中只包含了 0 阶和 1 阶、相邻阶线性无关）或者自变量不同，就是线性无关的，无法进行合并，只能采用逐项消元的方法解出 X。经过复杂的代换过程后，得到的 A_j、B_j、C_j 可用式(3-48)～式(3-50)表示。

$$A_j = \frac{\overline{\varPhi_{1,j}}\beta_4}{ZP}\left[\lambda_2 K_0\left(\frac{r_5\sqrt{\beta_{33}}s}{r_4}\right)K_1\left(\frac{r_5\sqrt{\beta_{32}}s}{r_4}\right) \right. \\ \left. - \lambda_3\sqrt{\frac{\beta_{33}}{\beta_{32}}}K_0\left(\frac{r_5\sqrt{\beta_{32}}s}{r_4}\right)K_1\left(\frac{r_5\sqrt{\beta_{33}}s}{r_4}\right) \right] \tag{3-48}$$

$$B_j = \frac{\overline{\varPhi_{1,j}}\beta_4}{ZP}\left[\lambda_2 I_1\left(\frac{r_5\sqrt{\beta_{32}}s}{r_4}\right)K_0\left(\frac{r_5\sqrt{\beta_{33}}s}{r_4}\right) \right. \\ \left. + \lambda_3\sqrt{\frac{\beta_{33}}{\beta_{32}}}I_0\left(\frac{r_5\sqrt{\beta_{32}}s}{r_4}\right)K_1\left(\frac{r_5\sqrt{\beta_{33}}s}{r_4}\right) \right] \tag{3-49}$$

$$C_j = \frac{\overline{\varPhi_{1,j}}\beta_4 \lambda_2}{ZP}\left[I_0\left(\frac{r_5\sqrt{\beta_{32}}s}{r_4}\right)K_1\left(\frac{r_5\sqrt{\beta_{32}}s}{r_4}\right) \right. \\ \left. + I_1\left(\frac{r_5\sqrt{\beta_{32}}s}{r_4}\right)K_0\left(\frac{r_5\sqrt{\beta_{32}}s}{r_4}\right) \right] \tag{3-50}$$

式中的 ZP 为

$$ZP=\beta_4\lambda_2 K_0\left(\frac{r_5\sqrt{\beta_{33}s}}{r_4}\right)K_1\left(\frac{r_5\sqrt{\beta_{32}s}}{r_4}\right)I_0\left(\sqrt{\beta_{32}s}\right)$$

$$-\beta_4\,\lambda_3\sqrt{\frac{\beta_{33}}{\beta_{32}}}K_0\left(\frac{r_5\sqrt{\beta_{32}s}}{r_4}\right)K_1\left(\frac{r_5\sqrt{\beta_{33}s}}{r_4}\right)I_0\left(\sqrt{\beta_{32}s}\right)$$

$$-\lambda_2\sqrt{\beta_{32}s}\,K_0\left(\frac{r_5\sqrt{\beta_{33}s}}{r_4}\right)K_1\left(\frac{r_5\sqrt{\beta_{32}s}}{r_4}\right)I_1\left(\sqrt{\beta_{32}s}\right)$$

$$-\lambda_3\sqrt{\beta_{33}s}\,K_0\left(\frac{r_5\sqrt{\beta_{32}s}}{r_4}\right)K_1\left(\frac{r_5\sqrt{\beta_{33}s}}{r_4}\right)I_1\left(\sqrt{\beta_{32}s}\right) \qquad (3\text{-}51)$$

$$+\left[\beta_4 K_0\left(\sqrt{\beta_{32}s}\right)+\sqrt{\beta_{32}s}\,K_1\left(\sqrt{\beta_{32}s}\right)\right]$$

$$\times\left[\lambda_2 I_1\left(\frac{r_5\sqrt{\beta_{32}s}}{r_4}\right)K_0\left(\frac{r_5\sqrt{\beta_{33}s}}{r_4}\right)+\lambda_3\sqrt{\frac{\beta_{33}}{\beta_{32}}}I_0\left(\frac{r_5\sqrt{\beta_{32}s}}{r_4}\right)K_1\left(\frac{r_5\sqrt{\beta_{33}s}}{r_4}\right)\right]$$

定义如式 (3-52) 表示的三个与空间变量无关的系数，水泥环和地层的温度则分别可用式 (3-53) 和式 (3-54) 表示：

$$A'_j=\frac{A_j}{\varPhi_{1,j}}\qquad B'_j=\frac{B_j}{\varPhi_{1,j}}\qquad C'_j=\frac{C_j}{\varPhi_{1,j}} \qquad (3\text{-}52)$$

$$\overline{\varPhi_{2,j}}=\overline{\varPhi_{1,j}}\left[A'_j I_0\left(\sqrt{\beta_{32}s}r_{\mathrm{D}}\right)+B'_j K_0\left(\sqrt{\beta_{32}s}r_{\mathrm{D}}\right)\right] \qquad (3\text{-}53)$$

$$\overline{\varPhi_{3,j}}=\overline{\varPhi_{1,j}}C'_j K_0\left(\sqrt{\beta_{33}s}r_{\mathrm{D}}\right) \qquad (3\text{-}54)$$

式 (3-53) 和式 (3-54) 都被化成了空间变量的函数与非空间变量的函数，只要求出管内的拉普拉斯空间温度解，就能够直接得到水泥环和地层的拉普拉斯空间解。将式 (3-53) 代入式 (3-36) 的第一式，再将其化为一元一阶常微分方程的标准形式，可以得到式 (3-55)，其中的 β_5 由式 (3-56) 给出。

$$\frac{\partial\overline{\varPhi_{1,j}}}{\partial z_{\mathrm{D}}}+\left(s+\beta_1-\beta_5\right)\overline{\varPhi_{1,j}}=-\frac{\beta_2}{s} \qquad (3\text{-}55)$$

$$\beta_5=\beta_1\left[A'_j I_0\left(\sqrt{\beta_{32}s}\right)+B'_j K_0\left(\sqrt{\beta_{32}s}\right)\right] \qquad (3\text{-}56)$$

结合上边界条件式 (3-37)，可以分别推得 $j=1$ 时的管内方程表达式 (3-57) 和 $j>1$ 时的管内方程表达式 (3-58)。

$$\overline{\varPhi_{1,j}}=\left[\frac{1}{s}+\frac{\beta_2}{s\left(s+\beta_1-\beta_5\right)}\right]e^{-\left(s+\beta_1-\beta_5\right)z_{\mathrm{D}}}-\frac{\beta_2}{s\left(s+\beta_1-\beta_5\right)} \qquad (3\text{-}57)$$

$$\overline{\varPhi_{1,j}}=\left[\overline{\varPhi_{1,j-1}}\left(z_{\mathrm{D}j-1}\right)+\frac{\beta_2}{s\left(s+\beta_1-\beta_5\right)}\right]e^{\left(s+\beta_1-\beta_5\right)\left(z_{\mathrm{D}j-1}-z_{\mathrm{D}}\right)}-\frac{\beta_2}{s\left(s+\beta_1-\beta_5\right)} \qquad (3\text{-}58)$$

将式 (3-58) 式 (3-59) 分别代入式 (3-54) 式 (3-55)，就可以得到每一段水泥环和地层的拉普拉斯空间温度分布。

3.4.5 数值反演

为了得到式(3-57)、式(3-58)管内温度和式(3-33)、式(3-34)水泥环和地层温度在物理空间的解，需要对其进行拉普拉斯反演(拉普拉斯逆变换)。目前常用的反演方法有两种[68, 69]：一种是根据定义的解析反演，另一种是基于概率理论的数值反演。解析反演通过式(3-59)和围道积分(图 3-7)进行反演，该方法需要找到拉普拉斯空间中函数的每一个奇点，对于比较复杂的结果想要达到这个条件比较困难。而且通过解析反演得出的结果可能是在无穷空间上对一个带有奇点的函数的积分，通过一般的数值方法都难以得到其积分结果。因此需要按照早期和晚期两种情况对该带奇点的无穷积分进行讨论，得到早期反演解和晚期反演解。对于井筒温度场模型来说，需要模拟的时间段大致在一到两个小时，该时间段是否属于早期段并不能完全确定。因此本书拟采用数值反演方法来实现拉普拉斯反演。

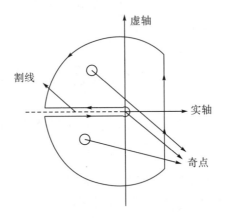

图 3-7 围道积分进行拉普拉斯反演

$$f(t) = \frac{1}{2\pi i}\int_{\gamma-i\infty}^{\gamma+i\infty} F(t)e^{st}\mathrm{d}s \tag{3-59}$$

常用的拉普拉斯数值反演方法有两种[70]，即 Crump 方法和 Stechfest 方法。Crump 方法是基于 Fourier 级数的方法，其计算误差可以预先设定，精度可以控制，但是计算过程比较烦琐，并且和解析反演一样需要确定奇点。而 Stehfest 方法更加简单明了，对于变化较为平缓不存在震荡的结果具有足够高的精度。因此本书更倾向于选择 Stehfest 方法来进行数值反演。

我国是在 20 世纪 80 年代初引进的 Stehfest 算法[71]，其后的很多非稳态数学模型都引用了这种算法在 1970 年[72]初提出的计算公式，但是没有注意到 Stehfest 在 1970 年底[73]对该公式的更正。其更正后的表达形式应该为

$$f(T) = \frac{\ln 2}{T}\sum_{i=1}^{N} V_i F\left(\frac{\ln 2}{T}i\right) \tag{3-60}$$

$$V_i = (-1)^{\frac{N}{2}+i} \sum_{k=\left[\frac{i+1}{2}\right]}^{\min\left(i,\frac{N}{2}\right)} \frac{k^{\frac{N}{2}}(2k)!}{\left(\frac{N}{2}-k\right)!k!(k-1)!(i-k)!(2k-i)!} \tag{3-61}$$

式中，N——精度系数，必须是偶数，无量纲；

T——数值反演中一个确定的时间，本书中为无量纲。

式 (3-60) 求和符号中的 $F(i\ln2/T)$ 表示需要将拉氏空间中的拉氏变量 s 替换为 $i\ln2/T$。理论上精度系数 N 取得越高，由 Stehfest 方法计算出来的数值反演结果误差越小，但考虑到截断误差的影响，N 的取值一般为 18、20 或 22。

为了确定更正后的 Stehfest 方法的数值反演精度，采用如下三组在拉普拉斯变换表中已有的公式来验算数值方法的精度 (表 3-4)。

表 3-4　几个典型的拉普拉斯解析反演解

	象函数	象原函数
1	$\dfrac{1}{s+1}$	e^{-t}
2	$\dfrac{1}{\sqrt{s}}K_1(\sqrt{s})$	$e^{\frac{1}{4t}}$
3	$K_0(\sqrt{s})$	$\dfrac{1}{2t}e^{-\frac{1}{4t}}$

表 3-4 中的三组变换函数都是在求解井筒温度场时涉及的函数，如果这些函数都能够用 Stehfest 方法进行较为精确的反演，那么对于最终结果的数值反演也应该是足够精确的。图 3-8～图 3-10 中分别绘制了三组象函数的数值反演曲线和精确解析反演曲线。可以看出 Stehfest 方法具有相当高的计算精度。当 $N=2$ 时，图中蓝色点线和黑色实线精确解不能重

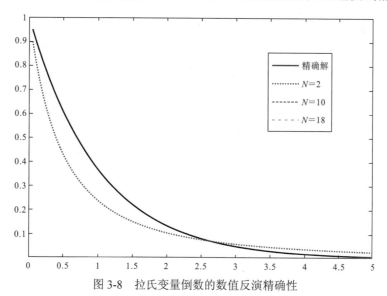

图 3-8　拉氏变量倒数的数值反演精确性

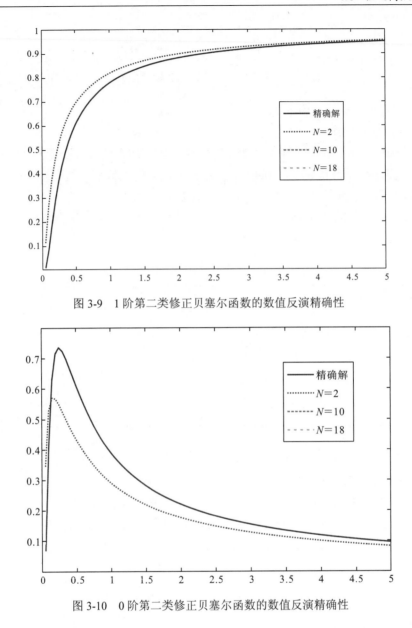

图 3-9 1阶第二类修正贝塞尔函数的数值反演精确性

图 3-10 0阶第二类修正贝塞尔函数的数值反演精确性

合，但当 N=10 或 18 时，黑色实线与红色密短线、绿色疏短线完全重和。计算数据也显示，当 N=10 时，误差约为万分之一；当 N=18 时，误差约为百万分之一。因此，在求解井筒温度场的物理空间解时，可以采用 Stehfest 方法来进行数值反演，精度完全可以满足要求。

3.5 裂缝温度场模型

隔离剂是在前置压裂液阶段泵入的，但是具体在哪一时刻加入还需要进一步优化。若隔离剂铺置过早则无法控制远端裂缝，铺置过晚则对储层伤害较大。

为了分析胶体在裂缝中的成胶情况，需要了解停泵后裂缝中流体的温度变化情况。因此以 Mack 和 Elbel 的裂缝温度场理论为依据[74]，建立了停泵时的裂缝流体温度恢复模型。该部分的模型均属于 Mack 和 Elbel 的研究成果，故略去了推导过程，详细过程可见参考文献。该模型的表达式为

$$T_{fl}^n = \frac{\alpha_{fl} D_0 \Delta t \left(T_r - E_n\right) + D_1 \left(\alpha_{fl} \sqrt{\Delta t} + D_0\right) T_{fl}^{n-1}}{\alpha_{fl} D_0 \Delta t + D_1 \left(\alpha_{fl} \sqrt{\Delta t} + D_0\right)} \tag{3-62}$$

$$\frac{1}{D_0} = C_0 = \frac{2}{\lambda_f} \sqrt{\frac{a_f}{\pi}} \tag{3-63}$$

$$E_n = C_0 \sum_{i=1}^{n-1} \left(q_i - q_{i-1}\right) \sqrt{t_n - t_{i-1}} - C_0 q_{n-1} \sqrt{\Delta t} \tag{3-64}$$

$$q_n = \frac{D_1 \left(T_{fl}^n - T_{fl}^{n-1}\right)}{\Delta t_n} \tag{3-65}$$

$$D_1 = \frac{\rho_{fl} C_{fl} W}{2} \tag{3-66}$$

$$Nu = \frac{\alpha_{fl} W}{\lambda_{fl}} \tag{3-67}$$

式中，T_{fl}^n——停泵后 n 时刻缝中流体温度，℃；

　　　T_{fl}^{n-1}——停泵后 $n{-}1$ 时刻缝中流体温度，℃；

　　　Δt——时间步长，s；

　　　T_r——地层温度，℃；

　　　E_n——n 时刻之前传热历史导致的温度变化，℃；

　　　α_{fl}——缝中流体的对流换热系数，W/(m²·℃)；

　　　λ_f——储层的导热系数，W/(m·℃)；

　　　a_f——储层的导温系数，m²/s；

　　　λ_{fl}——缝内流体的导热系数，W/(m·℃)；

　　　q_n——不同时刻的热流密度，W/m²。

Mack 和 Elbel 的裂缝温度场模型明显考虑的是静态情况，观察储层如何影响缝内流体。为了将裂缝温度场模型与井筒温度场模型耦合，在此假设每一时刻的流体温度是重新通过井筒温度场模型给定的，计算每一时间段的热流密度 q_n 和传热历史温差 E_n 对裂缝壁面的降温作用。这一过程的解答由式(3-68)～式(3-70)构成：

$$q_n = \alpha_{fl} \left(T_f^n - T_{fl}^n\right) \tag{3-68}$$

$$T_f^n = T_r - E_n - C_0 q_n \sqrt{\Delta t} \tag{3-69}$$

$$T_f^n = \frac{T_r - E_n + C_0 \alpha_{fl} T_{fl}^n}{C_0 \alpha_{fl} + 1} \tag{3-70}$$

式中，T_f^n——n 时刻，裂缝壁面温度，℃。

停泵后裂缝温度恢复的计算方法如下。

（1）通过井筒温度场半解析模型计算 $n\Delta t$ 时刻的井底温度（n=1、2、3...）。

（2）通过式（3-68）～式（3-70）计算泵注过程中的裂缝壁面温度下降值、热流密度历史和历史传热温差。

（3）考虑上一步的热流密度历史、历史传热温差，通过式（3-62）～式（3-67）计算在停泵过程中裂缝中流体的温度恢复。

3.6　温度场模拟实例分析

3.6.1　实例模拟验证

根据某气井的地层参数和施工参数进行井底温度模拟，参数取值见表 3-5。

表 3-5　某气井的地层和施工参数

$Q/(\text{m}^3/\text{min})$	$q_{R,J}/[\text{g}/(\text{m}^2\cdot\text{h})]$	$a/(\text{℃}/\text{m})$	$T_{\text{inj}}/\text{℃}$	$T_{\text{air}}/\text{℃}$	$\lambda_1/[\text{W}/(\text{m}\cdot\text{℃})]$	$\lambda_t/[\text{W}/(\text{m}\cdot\text{℃})]$
2.8	0	0.032	23	18	0.67	54
$\rho_1/(\text{kg}/\text{m}^3)$	$c_1/[\text{J}/(\text{kg}\cdot\text{℃})]$	r_1/m	r_2/m	r_3/m	r_4/m	r_5/m
1080	2000	0.031	0.0365	0.0789	0.0895	0.108
Z_f/m	$\lambda_2/[\text{W}/(\text{m}\cdot\text{℃})]$	$\lambda_3/[\text{W}/(\text{m}\cdot\text{℃})]$	$\rho_2/(\text{kg}/\text{m}^3)$	$\rho_3/(\text{kg}/\text{m}^3)$	$c_2/[\text{J}/(\text{kg}\cdot\text{℃})]$	$c_3/[\text{J}/(\text{kg}\cdot\text{℃})]$
1233	1.74	3.5	2100	2700	2220	1576
3589	1.74	4.2	2100	2900	2220	1800

图 3-11 显示，井筒温度场半解析模型得出的井底温度预测曲线和实际监测的井底温度曲线具有较高的吻合度，特别是在 30min 之后两条曲线基本重合。但是初期的误差较大，形成初期误差的原因可能有三点：①在模型推导过程中，中间层只计算了热阻，没有考虑中间层温度降低也会向管内流体输送热量；②管内初始流体在被压裂液（或酸液）顶替的过程中，并不是活塞式的驱替过程；③模型中的水泥环是完全等厚且均匀的，不存在气侵或水侵的情况，但是在实际固井过程中上述现象都是存在的。

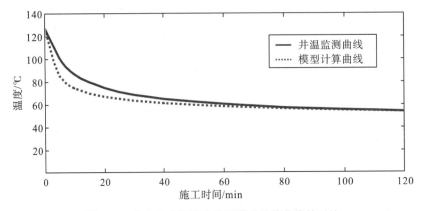

图 3-11　井底温度监测曲线和模型计算曲线的对比

3.6.2　水泥环的非稳态导热

在 Ramey 的模型中将水泥环直接归为了地层部分,综合传热系数中仅仅考虑了强迫对流换热、腔体自然对流换热和油套管壁的热阻。但在 3.1 节中的分析显示,水泥环的导温系数比大部分岩性的地层都低得多。现分别讨论将水泥环归为地层、将水泥环作为稳定热阻导热和将水泥环作为非稳态导热时的井筒温度分布情况。

(1)将水泥环归为地层时的模型。与双层的非稳态模型相比,单层非稳态模型主要是管内热平衡方程中的 β_5 和程序的计算过程发生了变化。经过类似于 3.4 节的推导可以得到 β_5 的表达式为

$$\beta_5 = \frac{\beta_1\beta_4 K_0\left(\sqrt{\beta_3 s}\right)}{\beta_4 K_0\left(\sqrt{\beta_3 s}\right) + \sqrt{\beta_3 s}K_1\left(\sqrt{\beta_3 s}\right)} \tag{3-71}$$

(2)将水泥环作为稳定热阻导热的模型。在(1)的基础上,将综合传热系数表示为

$$\frac{1}{R_j} = \frac{1}{\dfrac{1}{\alpha_{1,j}r_1} + \dfrac{1}{\lambda_t}\ln\dfrac{r_2}{r_1} + \dfrac{2}{\alpha_{e,j}(r_2+r_3)} + \dfrac{1}{\lambda_t}\ln\dfrac{r_4}{r_3} + \dfrac{1}{\lambda_2}\ln\dfrac{r_5}{r_4}} \tag{3-72}$$

(3)将水泥环作为非稳态导热时的模型,即本书推导的模型。

以表 3-6 国内某油田的地层和施工参数作为模拟的基本参数(仅计算至砂岩层底部),可以得到如图 3-12～图 3-14 的模拟结果。

表 3-6　国内某油田的地层和施工参数

$Q/(\text{m}^3/\text{min})$	$q_{\text{R},j}/[\text{g}/(\text{m}^2\cdot\text{h})]$	$a/(\text{℃}/\text{m})$	$T_{\text{inj}}/\text{℃}$	$T_{\text{air}}/\text{℃}$	$\lambda_1/[\text{W}/(\text{m}\cdot\text{℃})]$	$\lambda_t/[\text{W}/(\text{m}\cdot\text{℃})]$
5	15	0.0185	30	20	0.67	54
$\rho_1/(\text{kg/m}^3)$	$c_1/\text{J}/(\text{kg}\cdot\text{℃})$	r_1/m	r_2/m	r_3/m	r_4/m	r_5/m
1080	2300	0.031	0.0365	0.0789	0.0895	0.108
Z_f/m	$\lambda_2/[\text{W}/(\text{m}\cdot\text{℃})]$	$\lambda_3/[\text{W}/(\text{m}\cdot\text{℃})]$	$\rho_2/(\text{kg/m}^3)$	$\rho_3/(\text{kg/m}^3)$	$c_2/[\text{J}/(\text{kg}\cdot\text{℃})]$	$c_3/[\text{J}/(\text{kg}\cdot\text{℃})]$
3796(砂)	1.74	4.50	2100	2800	2220	1636
6199(泥)	1.74	1.72	2100	2700	2220	1509
6895(灰)	1.74	2.50	2100	2500	2220	1050

由图 3-12～图 3-14 可以看出,(1)和(3)的模拟结果比较接近,因此将水泥环归为地层的一部分具有一定的合理性。但其对井底温度有更加乐观的估计,不利于确保隔离剂成胶。假设(2)得到的模拟结果极不精确,近 4000m 的井深,升温不到 13℃,在该假设条件下完全不能满足精度要求。该结论证明 3.2 节的分析是正确的,不能将导温系数小(与地层岩石接近)的材料视为稳态导热。

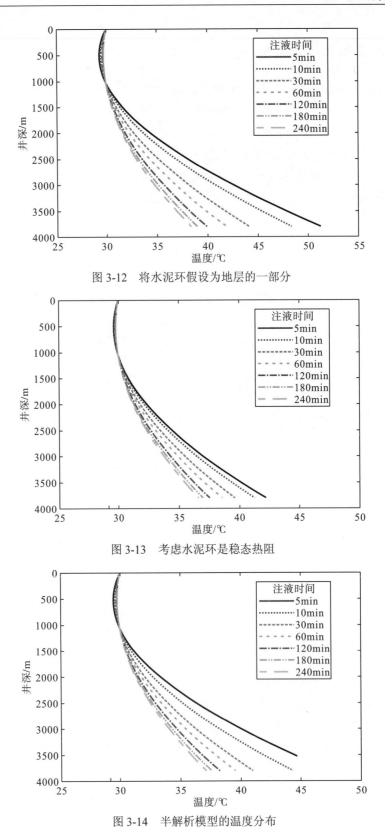

图 3-12　将水泥环假设为地层的一部分

图 3-13　考虑水泥环是稳态热阻

图 3-14　半解析模型的温度分布

3.6.3　长井段的处理

本章在对模型求解的过程中考虑了流体的热物性参数，求解不同时间的温度分布需要首先迭代出满足精度要求的强迫对流换热系数和腔体自然对流换热系数。因此不同的分段也有不同的流体热物性参数，本节主要考察在井段较长的位置是否需要加密网格以增加精度。根据表 3-6 的数据将 0~3796m 的砂岩分为 0~1000m、1000~2000m、2000~3000m、3000~3796m 四段求解，并与不分段的情况进行了对比。

图 3-15 的曲线说明，不论是在早期还是晚期，长井段分段与否的结果差异不大，并且这种差异随着时间的推移逐渐减小。这是因为图 3-16 和图 3-17 的对流换热系数在取定的时间范围内变化幅度并不大，但对于地温梯度更高或者更深一些的井，热物性变化的影响会明显增大。在如表 3-6 的参数取值情况下，不需要考虑加密长井段的网格，只需要按照岩性分层。

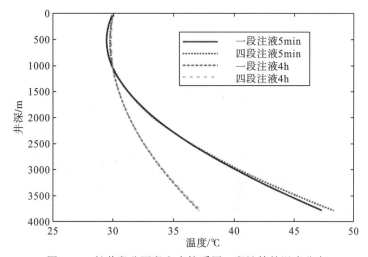

图 3-15　长井段分四段和直接采用一段计算的温度分布

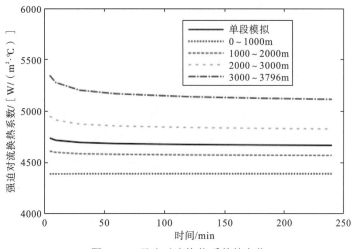

图 3-16　强迫对流换热系数的变化

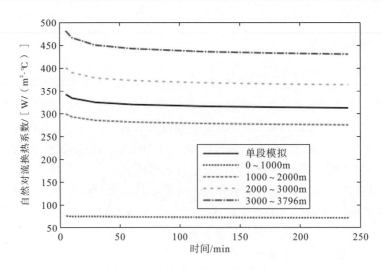

图 3-17　自然对流换热系数的变化

3.6.4　主要参数分析

1. 岩性分层

井筒温度场的半解析模型可以考虑岩性分层对井筒温度分布的影响，将表 3-6 的模拟数据和全井段为砂岩的情况进行比较。如图 3-18 所示，注液 30min 后，在岩性界面上方，两条曲线的微小差异是长井段热物性误差造成的。随着注液时间的增加，岩性界面以上的差异基本消失，但是岩性界面以下的温度差异却越来越大。该结果证明在井特别深，井底温度特别高时，长井段需要加密分段；随着注液时间的增加，热物性参数误差的影响越来越小，地层岩性的影响越来越大。

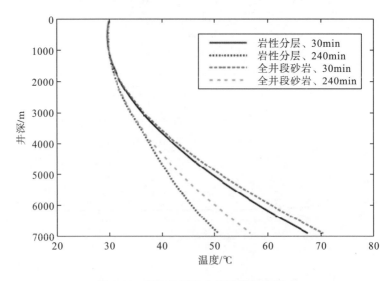

图 3-18　岩性分层对井筒温度场的影响

2. 施工排量

按照表 3-6 的数据分析了施工排量对井筒温度场分布的影响。施工排量对温度的影响非常明显，施工排量越高，温度越低。但是随着时间的推移，不同排量的温度差异逐渐变小，在注液 5min 时，井底温度差异为 10.76℃、9.58℃；在注液 240min 时，井底温度差异为 6.83℃、4.43℃（图 3-19）。

由图 3-19 还可以看出，当注液速度很低时，在 3796m 砂岩与泥岩的岩性界面有一明显的拐点。随着排量增加，该拐点逐渐消失，证明在高排量下岩性分层的影响不如在低排量下显著。

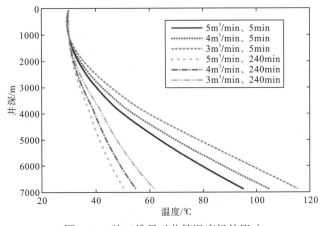

图 3-19　施工排量对井筒温度场的影响

3. 注入温度

为了加速隔离剂成胶，在施工中可能会涉及注热液的问题，因此按照表 3-6 的数据分析了注入温度对井筒温度场分布的影响。如图 3-20 所示，随着注入温度的升高，井筒的加热效应逐渐减弱，甚至在注入高温液体时会在上半段产生明显的冷却、降温作用。井口注入的温度越高，井筒的温度分布越均匀。

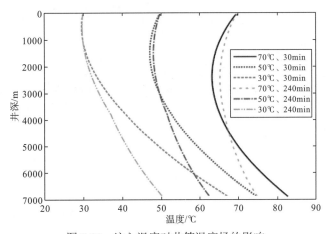

图 3-20　注入温度对井筒温度场的影响

当注入温度超过 70℃时，注入温度和井底温度的差异为 5.11~12.96℃。因此将水套炉中的隔离剂凝胶和携带液注入井底时，可以认为温度变化不大(此结论将在后续计算裂缝温度场时应用)。

4. 油管腐蚀

在模型的推导过程中，认为油管与酸液会在缓蚀剂的作用下发生缓慢的反应，引入了 $q_{R,j}$ 对该反应过程进行描述。该过程的离子反应方程和反应热为(反应热采用生成焓计算得出)

$$2H^+ + F_e = H_2 \uparrow + F_e^{2+}, \ \Delta H = -89.1kJ/mol$$

根据表 3-6 的数据分析了腐蚀速度对井筒温度场的影响。腐蚀速度 45g/(m²·h) 是采用较差的缓蚀剂才能得出的实验结果。图 3-21 显示在腐蚀速度从 15g/(m²·h) 增加到 45g/(m²·h) 之后，井筒温度分布没有明显变化。因此在实际酸压施工中可以忽略油管与酸液反应产生的热量。

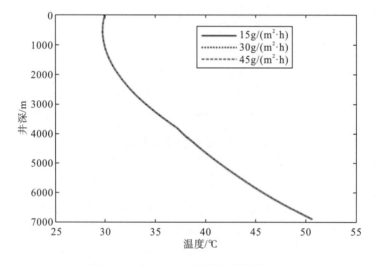

图 3-21　腐蚀速度对井筒温度场的影响

3.6.5　成胶温度预测

在表 3-6 的基础下，用井筒温度场的半解析模型解出了井底温度的变化曲线如图 3-22 所示。根据在某一时刻停泵，可以得到图 3-23，从而得到凝胶成胶时的环境温度时间。由于凝胶隔离剂在 120°C 的温度下暴露过久会提前破胶，因此建议在施工 50min 左右停泵，防止温度过快恢复。

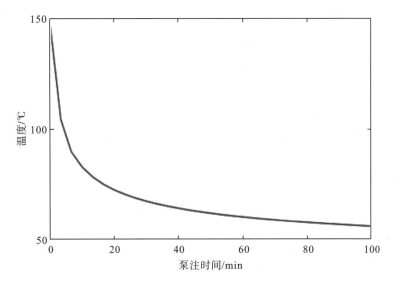

图 3-22　井底温度随时间的变化

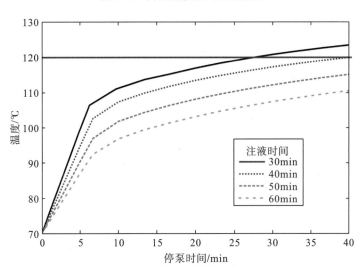

图 3-23　停泵温度恢复曲线

第 4 章　控缝高压裂裂缝延伸数值模拟方法

裂缝三维延伸模型对于缝高控制的研究具有重要意义。它不仅是分析缝高为何失控的工具，还是模拟和优化控缝高工艺的理论支撑。以往的拟三维模型都忽略了垂向压降或者只是假设了一个很小的对称垂向压降，该假设在缝高较小时是正确的。但随着隔层应力差的减小、缝高增大，裂缝尖端的压力与裂缝中心的压力出现明显差异，垂向压降变得不可忽略。Palmer 假设裂缝长高比大于 5 的初衷也正是为了规避垂向压降对裂缝延伸的影响。因此本章在考虑非对称垂向压降的基础上建立了裂缝延伸的拟三维模型。

4.1　裂缝三维延伸模型的发展现状

裂缝延伸模型是评价压裂(酸压)控缝高效果的主要手段，因此笔者对裂缝三维延伸模型的发展现状进行了细致调研。最初的裂缝模拟思路是由卡特在 1957 年提出的[75]，随后又发展出了二维的 PKN 模型和 CGD 模型。由于当时缺少对缝高控制的判据，所以无法模拟裂缝在垂向上的延伸。1978 年，Simonson[76]发表了隔层应力差控制裂缝垂向延伸的观点，文中引入 Rice 在 1968 年[77]推出的平面穿透微裂纹的静态应力强度因子公式作为裂缝垂向延伸的判据，自此裂缝延伸的模拟进入了三维时代。

1979 年和 1981 年，Clifton 和 Abou-Sayed[78, 79]建立并完善了裂缝延伸的全三维模型，该模型将水力裂缝考虑为平面埋藏裂纹，其扩展主要受到裂缝中黏性液体的二维流动和地层弹性的控制。该模型经过后期的完善与发展，逐渐形成了 TerraFrac 全三维计算程序。由于其计算过程相当复杂，所以更多是用来对拟三维模型进行校准。

1983 年，Palmer 结合 Rice 和 Simonson 的研究成果，通过联立椭圆管流的连续性方程、Daneshy 引入并拟合出的缝宽方程[80](England & Green 公式)和应力强度因子确定的缝高判据，成功地推导出了裂缝延伸的拟三维模型。同年，Palmer 等[81,82]又在 SPE 会议上发表了该拟三维模型在现场应用的效果，认为对于长高比在 5 以上的裂缝，可以利用该模型模拟裂缝在垂向上的延伸，该模型对压裂设计具有一定的指导意义。1985 年，Palmer 和 Luiskutty[83]将自己的拟三维模型与 AMOCO 模型、MIT 模型和 TERRA TEK 模型进行了比较，认为自己的模型综合能力较强，特别是在模拟裂缝高度方面具有相当大的优势；他还指出 England & Green 公式可以推导出任意应力分布下的缝宽表达式，包括应力分布不对称的情况，但是并没有给出具体的解。Pamler 模型是最经典的三维模型，在后续的研究和设计中，很多人都采用了这个模型对裂缝延伸现象进行分析。但是该模型也存在一定缺陷，例如水力裂缝完全不能满足在 Rice 的应力强度因子推导过程中引入的平面、穿透纹和微小裂纹三个假设条件。

此后，又有一些技术人员希望通过数值方法来模拟裂缝延伸问题[84]。1986 年，Touboul

等将模拟裂缝延伸的有限元方法推广到了三维空间；同年，Lam 和 Cleary 等给出了通过表面积分方程来模拟裂缝延伸的方法；1988 年，Vandamme 等又制定了位移不连续法（displacement discontinuity mothod，DDM）的模拟策略。由于当时计算机储存空间和运算速度的限制，这些数值方法都没有得到很好的发展。

1989 年，Morales[85]在 Palmer 模型的基础上考虑了水力裂缝内的垂向压降，建立了裂缝延伸的拟三维模型，该模型利用叠加原理将各个应力对裂缝宽度和应力强度因子的影响分开单独求解，大大简化了计算过程。但是该模型的垂向压降只是人为的、经验性的取值，Morales 承认加入垂向压降的主要目的只是加快模型的收敛速度。

1991 年，美国工程院院士 Stephen A. Holditch 等[86]研究了黏性流体摩阻对水力压裂施工的影响。认为随着支撑剂浓度的提升，流体的层内摩阻会大幅度增加。为了分析某些区域不确定因素的影响，应该在将三维模型运用于施工模拟之前进行前期已压裂井的历史拟合。

1993 年，Valko 和 Economides[87]将连续损伤力学引入了裂缝模拟，建立了基于连续损伤力学的拟三维模型。该模型的垂向延伸受到地应力和储层岩性的双重约束，其适应能力也非常强，甚至在缺少隔层应力参数的情况下也可以进行裂缝三维延伸的模拟。

1998 年，Settari 等[88]通过连续性方程和酸液质量守恒方程建立了二维的酸压模型，并与现场实际施工数据进行了对比，模型预测的净压力和现场吻合良好。

2005 年，Weijers 等[89]统计了得克萨斯州和怀俄明州等地 1000 余口井的监测数据和拟合数据，与经典的拟三维模型（Palmer 模型）进行了比较，认为裂缝的延伸过程极其复杂，拟三维模型的模拟效果有好有坏。而且就该区域来看，裂缝高度的模拟数据总是比实测数据大，有可能是层间滑移形成了额外的压降，使缝高得到了更好的控制。

2011 年，Al-Ajmi 和 Putthaworapoom 等[90]建立了裂缝延伸的新模型，定义了等效孔隙度和等效渗透率，采用物质平衡方程和有限差分方法在简单的二维网格中推导出了裂缝延伸的拟三维数值模型。该模型在小型压裂实验中具有一定精度，但是模拟大型裂缝的能力还有待提高。

2013 年，Jahromi 等[91]耦合了裂缝延伸的固体力学过程和压裂液滤失的渗流力学过程，建立了三维三相的数值模拟模型。基于该模型的软件可以模拟油藏流体的流动、压裂液的滤失、人工裂缝的延伸以及压裂施工中的诱导应力场，并且可以进行各个参数的敏感性分析。

2014 年，Abbas 等[92]根据可能出现的层间滑移现象，通过扩展有限元方法模拟了裂缝按照既定路线（指穿过界面时的转向）延伸时的净压力变化，认为偏移角度越小，杨氏模量越小，排量越高，发生层间滑移的可能性越大，并且层间滑移会显著增大缝内净压力。

近些年来，随着页岩气开发的稳步推进，越来越多的学者和科研人员开始研究裂缝网络和微裂缝的延伸行为[93,94]。但是目前对裂缝网络的模拟大多还考虑得不完善，只能够零散地描述一些局部问题，没有能够完全解决缝网模拟的方法，这将是以后的一个重要研究方向。

酸压裂缝的延伸是一个复杂的热、流、固、化耦合过程，实际上还没有能够完全演绎该过程的准确完备方法。不过有很多施工资料都显示,拟三维的模型对于隔层应力差大的施工井具有较好的模拟效果,而对于缺乏隔层应力差的井模拟输出的缝高偏大。Weijers 等认为这是由于层间滑移形成了附加阻力,当然这也有可能是忽略了垂向压降造成的。

4.2　模型假设条件

根据需要引入的各个方程的基本适用条件和前期的研究成果,在如下假设条件下推导模型。

(1) 产层、盖层和底层是各向同性的线弹性体,并且其水平最小主应力梯度是恒定的。

(2) 黏性流体在酸压裂缝中的流动可以分解为沿缝长方向的主要线性流动和沿缝高方向的次要线性流动[95],如图 4-1 所示。

(3) 次要线性流动的压降满足平板压降的公式,流压的中心在与射孔位置相交的水平线上。

(4) 主要线性流动的压降满足椭圆管流的压降公式。

(5) 缝宽的分布满足平面应变条件下的 England & Green 公式。

(6) 缝高的延伸判据为裂缝尖端张开位移(crack opening displacement, COD)准则。

(7) 选取流压中心的产层应力作为平均产层应力,地应力梯度沿流压中心向上为负值,沿流压中心向下为正值;流体密度差异对裂缝宽度的影响与地应力梯度的影响类似,但是符号相反。

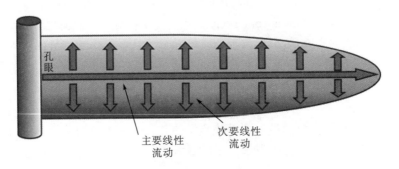

图 4-1　酸液在裂缝中的流动模式

4.3　缝　宽　方　程

酸压裂缝的宽度是流体压力和地层应力综合作用的结果,计算缝宽的第一步即是分析酸压裂缝在垂向上的受力情况。在 4.2 节的假设条件下,酸压裂缝的受力情况如图 4-2 所示。

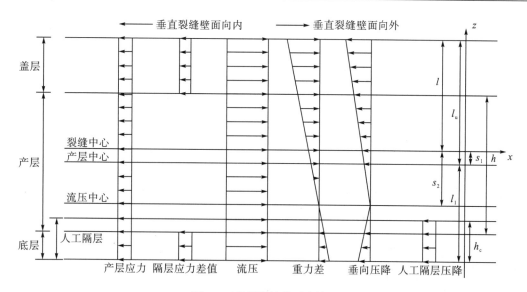

图 4-2　酸压裂缝的受力情况

对图 4-2 的一些说明如下。

(1) 图 4-2 中的第二项隔层应力差值是指盖层和底层的最小水平主应力与产层的最小水平主应力之差，因此第一项产层应力才有可能是在整个垂向上均匀分布的。

(2) 若考虑射孔孔眼在产层的中部，则流压中心可以和产层中心重合，此时流压中心与裂缝中心的偏差可以用 s 表示。

(3) 重力差是指垂向的最小水平主应力梯度与酸液重力梯度之和，由于最小水平主应力的梯度必然比酸液重力梯度大，才形成了图 4-2 中第四项的分布形式。

(4) England & Green 公式的形式如式 (4-1) 所示[96]：

$$\begin{cases} F(t) = -\dfrac{t}{2\pi} \displaystyle\int_0^t \dfrac{f(z)}{\sqrt{t^2 - z^2}}\mathrm{d}z \\[3mm] G(t) = -\dfrac{1}{2\pi t} \displaystyle\int_0^t \dfrac{zg(z)}{\sqrt{t^2 - z^2}}\mathrm{d}z \\[3mm] w = -16\dfrac{1-\upsilon^2}{E} \displaystyle\int_{|z|}^t \dfrac{F(t) + zG(t)}{\sqrt{t^2 - z^2}}\mathrm{d}t \end{cases} \tag{4-1}$$

式中，$f(z)$——作用于裂缝壁面的偶分布应力，MPa；

　　　$g(z)$——作用于裂缝壁面的奇分布应力，MPa；

　　　$F(t)$——偶分布应力的中间积分函数，MPa·m；

　　　$G(t)$——奇分布应力的中间积分函数，MPa；

　　　z——裂缝垂向剖面上某一点到裂缝中心的距离，m；

　　　t——积分中间变量，m；

　　　υ——泊松比，无量纲；

　　　E——杨氏模量，MPa；

　　　w——裂缝宽度，m。

　　England & Green 公式的积分形式比较复杂，在应力分布的间断点或者是奇偶性改变的点都要通过奇偶分离才能代入公式进行积分。如果处理的非奇非偶应力太多，被积函数就要分成很多段，运算过程比较复杂，不方便求解，因此需要对应力分布进行合并简化。考虑到流体压力在裂缝中的任何位置都不可能小于 0，因此可以将图 4-2 中的第三项、第四项和第五项加起来以对缝宽的求解进行简化(这里暂时不考虑第六项人工隔层压降的影响)。需要求解的缝宽由图 4-3 中的四项组成。

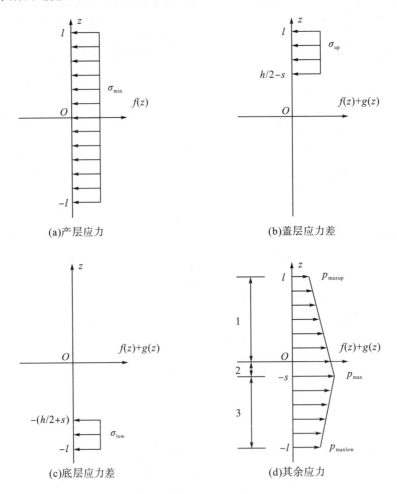

图 4-3　决定缝宽的四组应力

4.3.1　产层应力对缝宽的影响

　　产层应力原本就是偶分布应力，因此可以直接将 σ_{mid} 代入式(4-1)的第一式和第三式进行积分，得到仅受产层应力影响下的裂缝宽度。

$$W_1 = -\frac{4\left(1-\upsilon^2\right)\sigma_{\text{mid}}\sqrt{l^2-z^2}}{E} \tag{4-2}$$

式中，W_1——仅有产层应力影响下的缝宽，m；

σ_{mid}——产层应力，MPa；

l——裂缝的半高，m。

在表 4-1 的参数取值下，可以得到仅有产层应力影响时的裂缝宽度分布图 4-4，为了描述让缝宽减小的应力，图中仅画出了裂缝的一半即 $W_1/2$。横坐标为负值时，代表是压应力的影响，横坐标为正时代表是拉应力的影响。

表 4-1　本节计算裂缝宽度的参数取值

杨氏模量 E/MPa	泊松比 υ/无量纲	裂缝半高 l/m	中心偏距 s/m	产层厚度 h/m	产层内摩阻 k/(MPa/m)
40000	0.2	30	4	30	0.02
产层应力 σ_{mid}/MPa	盖层应力差 σ_{up}/MPa	底层应力差 σ_{low}/MPa	最大流压 P_{fmax}/MPa	上顶点流压 P_{maxup}/MPa	下顶点流压 P_{maxlow}/MPa
30	2	4	33	31	32

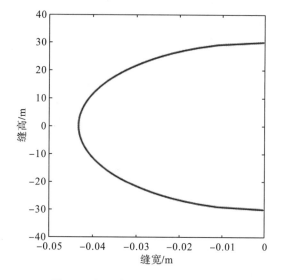

图 4-4　仅受产层应力时的缝宽分布

从图 4-4 可以看出偶分布应力引起的缝宽分布也是关于 x 轴对称的，产层最小水平主应力具有减小缝宽的作用。

4.3.2　盖层应力差对缝宽的影响

盖层应力差是非奇非偶应力，需要对其进行如图 4-5 的奇偶分离才能进行计算。

将奇分布应力代入式 (4-1) 的第二式和第三式进行积分，再将偶分布应力代入式 (4-1) 的第一式和第三式进行积分，可得仅受盖层应力差时的缝宽分布。

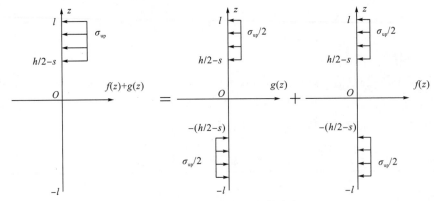

图 4-5　盖层应力差的奇偶分离

$$W_2 = -\frac{4\sigma_{up}z\left(1-\upsilon^2\right)}{E\pi}\left[\ln\frac{\sqrt{l^2-\left(h/2-s\right)^2}+\sqrt{l^2-z^2}}{\sqrt{\left|\left(h/2-s\right)^2-z^2\right|}}-\frac{h/2-s}{|z|}\right.$$

$$\times\ln\frac{\left|h/2-s\right|\sqrt{l^2-z^2}+|z|\sqrt{l^2-\left(h/2-s\right)^2}}{l\sqrt{\left|\left(h/2-s\right)^2-z^2\right|}}\right]-\frac{4\sigma_{up}\left(1-\upsilon^2\right)}{E\pi}$$

$$\times\left[\sqrt{l^2-z^2}\arccos\frac{h/2-s}{l}-\left(h/2-s\right)\ln\frac{\sqrt{l^2-\left(h/2-s\right)^2}+\sqrt{l^2-z^2}}{\sqrt{\left|\left(h/2-s\right)^2-z^2\right|}}\right.$$

$$\left.+|z|\ln\frac{\left|h/2-s\right|\sqrt{l^2-z^2}+|z|\sqrt{l^2-\left(h/2-s\right)^2}}{l\sqrt{\left|\left(h/2-s\right)^2-z^2\right|}}\right]$$

(4-3)

式中，　W_2——仅受盖层应力差影响下的缝宽，m；

h——产层总厚度，m；

σ_{up}——盖层应力差，MPa；

s——裂缝中心与产层中心距离，m。

在表 4-1 的参数取值下，可以得到仅受奇分布应力、仅受偶分布应力和仅受盖层应力差影响下的裂缝宽度分布，如图 4-6。

从图 4-6 可以看出受奇分布应力形成的缝宽是关于原点中心对称的，盖层应力差对上半段裂缝的影响更为明显。

4.3.3　底层应力差对缝宽的影响

底层应力差的奇偶分离模式和在各个应力影响下的缝宽分布都与盖层应力差比较类似。底层应力差的奇偶分离模式见图 4-7，仅受底层应力差影响的缝宽公式见式(4-4)，仅受奇分布应力、仅受偶分布应力和仅受底层应力差影响下的裂缝宽度分布见图 4-8(各参数取表 4-1 中的对应值)。

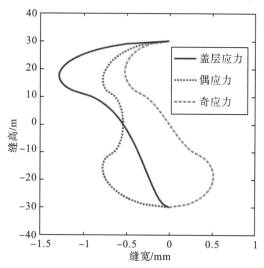

图 4-6　盖层应力差分解出的各项应力对缝宽的影响

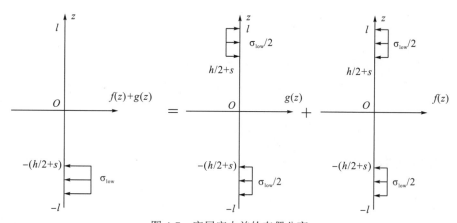

图 4-7　底层应力差的奇偶分离

$$W_3 = \frac{4\sigma_{\text{low}} z\left(1-\upsilon^2\right)}{E\pi}\left[\ln\frac{\sqrt{l^2-\left(h/2+s\right)^2}+\sqrt{l^2-z^2}}{\sqrt{\left|\left(h/2+s\right)^2-z^2\right|}}-\frac{h/2+s}{|z|}\right.$$

$$\left.\times\ln\frac{|z|\sqrt{l^2-\left(h/2+s\right)^2}+|h/2+s|\sqrt{l^2-z^2}}{l\sqrt{\left|\left(h/2+s\right)^2-z^2\right|}}\right]-\frac{4\sigma_{\text{low}}\left(1-\upsilon^2\right)}{E\pi}$$

$$\times\left[\sqrt{l^2-z^2}\arccos\frac{h/2+s}{l}-\left(h/2+s\right)\ln\frac{\sqrt{l^2-\left(h/2+s\right)^2}+\sqrt{l^2-z^2}}{\sqrt{\left|\left(h/2+s\right)^2-z^2\right|}}\right.$$

$$\left.+|z|\ln\frac{|z|\sqrt{l^2-\left(h/2+s\right)^2}+|h/2+s|\sqrt{l^2-z^2}}{l\sqrt{\left|\left(h/2+s\right)^2-z^2\right|}}\right]$$

$$(4\text{-}4)$$

式中，W_3——仅受底层应力差影响下的缝宽，m；

    σ_{low}——底层应力差，MPa。

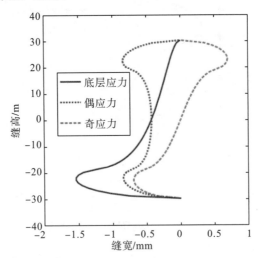

图 4-8　底层应力差分解出的各项应力对缝宽的影响

从图 4-8 可以看出相比于盖层应力差的影响，底层应力差对缝宽的影响幅度更大，峰值所处的范围更窄。这是由于盖层所处的区间是[11，30]，而底层所处的区间是[-19，-30]。裂缝穿入了盖层 19m，穿入了底层 11m，因此盖层影响的峰值范围更大。但底层应力差是盖层应力差的两倍，所以底层影响的幅度更大。

4.3.4　其余应力对缝宽的影响

其余应力合并后的形状如图 4-3(d) 所示。这种非奇非偶应力明显比上两种要复杂得多，首先需要确定其分段积分策略。观察图 4-3(d) 发现，函数在 $z=-s$ 处是函数的奇点，在该处相当于改变了奇偶性，因此需要在此设置分段点；在 $z=0$ 处是偶函数的对称轴，经过此点会改变奇偶性，因此需要设置分段点。根据上述分析，可以按照图 4-3(d) 中的分段方式，由上至下将函数分为第 1、2、3 部分，分段积分计算某一段应力影响下的裂缝宽度，再叠加。

图 4-3 中上尖端和下尖端的压力由式(4-5)和式(4-6)计算得到。

$$P_{maxup} = P_{fmax} - k_1 l_{up} \tag{4-5}$$

$$P_{maxlow} = P_{fmax} - k_2 l_{low} \tag{4-6}$$

式中，P_{maxup}——上尖端的流体压力，MPa；

    P_{maxlow}——下尖端的流体压力，MPa；

    k_1——向上流动的平均压降，MPa/m；

    k_2——向下流动的平均压降，MPa/m；

    P_{fmax}——最大流压，MPa；

    l_{up}——上半缝高，m；

    l_{low}——下半缝高，m。

由式(4-5)和式(4-6)可以得出图 4-3 中上、下梯形的方程，分别为式(4-7)和式(4-8)：

$$P_{\mathrm{I}} = \frac{P_{\mathrm{fmax}} - P_{\mathrm{maxup}}}{s + l}(l - z) + P_{\mathrm{maxup}} \tag{4-7}$$

$$P_{\mathrm{II}} = \frac{P_{\mathrm{fmax}} - P_{\mathrm{maxlow}}}{l - s}(l + z) + P_{\mathrm{maxlow}} \tag{4-8}$$

式中，P_{I}——上梯形的流压函数，MPa；

$\quad\quad P_{\mathrm{II}}$——下梯形的流压函数，MPa。

1. 第 1 部分的分离与计算

第 1 部分由 P_{I} 在上半平面的部分组成，在函数的端点有如下形式：

$$\begin{cases} P_{\mathrm{I}}(z = l) = P_{\mathrm{maxup}} \\ P_{\mathrm{I}}(z = 0) = \dfrac{P_{\mathrm{fmax}} - P_{\mathrm{maxup}}}{s + l}l + P_{\mathrm{maxup}} \end{cases} \tag{4-9}$$

由式(4-9)，可以将 P_{maxup} 作为均匀分布的应力首先提取出来，剩下的则是在尖端为 0 的线性分布应力。将两者再进行奇偶分离就可以得到具有奇偶性独立的四种应力分布，其在上半平面的表达式分别为式(4-7)等号右端的第二项的二分之一和第一项的二分之一，如图 4-9 所示。

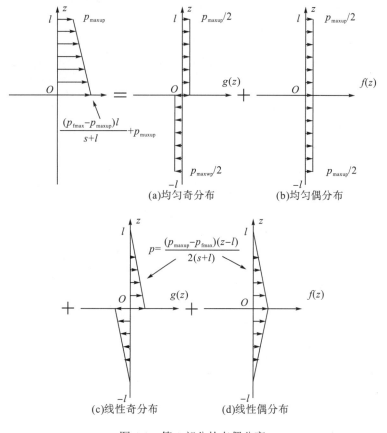

图 4-9 第 1 部分的奇偶分离

将图 4-9 中第 1 部分分解出来的两种奇分布应力和偶分布应力分别带入式(4-1)积分，可以得到第 1 部分对缝宽分布的影响。

$$W_{41} = \frac{4z\left(1-\upsilon^2\right)\left(P_{\text{maxup}} - P_{\text{fmax}}\right)}{E\pi\left(l+s\right)}\left(l\ln\frac{|z|}{\left|l+\sqrt{l^2-z^2}\right|} + \frac{\pi\sqrt{l^2-z^2}}{4} \right)$$

$$+ \frac{2\left(1-\upsilon^2\right)\left(P_{\text{fmax}} - P_{\text{maxup}}\right)}{E\pi\left(l+s\right)}\left[z^2\,\frac{\ln|z|}{\ln\left|l+\sqrt{l^2-z^2}\right|} + \left(\pi l - l\right)\sqrt{l^2-z^2} \right] \qquad (4\text{-}10)$$

$$+ \frac{2P_{\text{maxup}}\left(1-\upsilon^2\right)}{E}\sqrt{l^2-z^2} - \frac{4P_{\text{maxup}}z\left(1-\upsilon^2\right)}{E\pi}\left[\ln\left|l+\sqrt{l^2-z^2}\right| - \ln|z| \right]$$

式中，W_{41}——仅受其余应力第 1 部分影响下的缝宽，m。

2. 第 2 部分的分离与计算

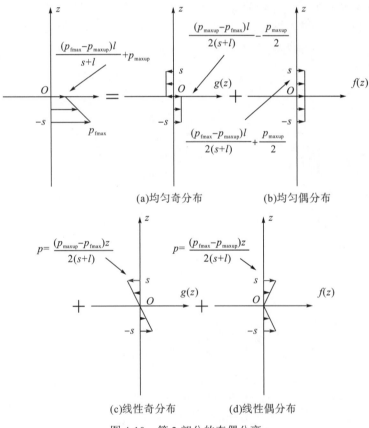

(a)均匀奇分布　　　　　(b)均匀偶分布

(c)线性奇分布　　　　　(d)线性偶分布

图 4-10　第 2 部分的奇偶分离

第 2 部分由 P_{I} 在下半平面的部分组成，在函数的端点有如下形式：

$$\begin{cases} P_{\text{I}}\left(z=0\right) = \dfrac{P_{\text{fmax}} - P_{\text{maxup}}}{s+l}l + P_{\text{maxup}} \\[2mm] P_{\text{I}}\left(z=-s\right) = P_{\text{fmax}} \end{cases} \qquad (4\text{-}11)$$

可以按照第 1 部分的分离模式，将第 2 部分的应力也分解为均匀分布应力和线性分布应力。这四种应力在上半平面的表达式为

$$P_{2a} = \frac{1}{2}\left(\frac{P_{\text{fmax}} - P_{\text{maxup}}}{s + l}l + P_{\text{maxup}} \right) \tag{4-12}$$

$$P_{2b} = -\frac{1}{2}\left(\frac{P_{\text{fmax}} - P_{\text{maxup}}}{s + l}l + P_{\text{maxup}} \right) \tag{4-13}$$

$$P_{2c} = -\frac{z}{2}\left(\frac{P_{\text{fmax}} - P_{\text{maxup}}}{s + l} \right) \tag{4-14}$$

$$P_{2d} = \frac{z}{2}\left(\frac{P_{\text{fmax}} - P_{\text{maxup}}}{s + l} \right) \tag{4-15}$$

式中，P_{2a}——第 2 部分均匀偶分布应力，MPa；

P_{2b}——第 2 部分均匀奇分布应力，MPa；

P_{2c}——第 2 部分线性偶分布应力，MPa；

P_{2d}——第 2 部分线性奇分布应力，MPa。

将式(4-12)～式(4-15)代入式(4-1)进行积分后，可以得到仅受其余应力第 2 部分影响下的裂缝宽度表达式：

$$
\begin{aligned}
W_{42} = & \left[\ln\frac{|z|\left(\sqrt{l^2 - s^2} + \sqrt{l^2 - z^2}\right)}{\left|l + \sqrt{l^2 - z^2}\right|\sqrt{|s^2 - z^2|}} - \frac{s}{|z|}\ln\frac{|s|\sqrt{l^2 - z^2} + |z|\sqrt{l^2 - s^2}}{l\sqrt{|s^2 - z^2|}} \right] \\
& \times \frac{4z\left(1 - \upsilon^2\right)}{E\pi}\left[P_{\text{maxup}} + \frac{l\left(P_{\text{fmax}} - P_{\text{maxup}}\right)}{l + s} \right] + \left(|z|\ln\frac{\sqrt{l^2 - s^2} + \sqrt{l^2 - z^2}}{\sqrt{|s^2 - z^2|}} \right. \\
& \left. + \sqrt{l^2 - z^2}\arcsin\frac{s}{l} - s\ln\frac{|s|\sqrt{l^2 - z^2} + |z|\sqrt{l^2 - s^2}}{l\sqrt{|s^2 - z^2|}} \right)\frac{4\left(1 - \upsilon^2\right)}{E\pi} \\
& \times \left[P_{\text{maxup}} + \frac{l\left(P_{\text{fmax}} - P_{\text{maxup}}\right)}{l + s} \right] - \left[-|z|\ln\frac{|s|\sqrt{l^2 - z^2} + |z|\sqrt{l^2 - s^2}}{l\sqrt{|s^2 - z^2|}} \right. \\
& \left. + \sqrt{l^2 - z^2}\arcsin\frac{s}{l} + \frac{s^2}{|z|}\ln\frac{|s|\sqrt{l^2 - z^2} + |z|\sqrt{l^2 - s^2}}{l\sqrt{|s^2 - z^2|}} \right] \\
& \times \frac{2z\left(1 - \upsilon^2\right)\left(P_{\text{fmax}} - P_{\text{maxup}}\right)}{E\pi(l + s)} - \left[\left(s^2 - z^2\right)\ln\left(\frac{\sqrt{l^2 - s^2} + \sqrt{l^2 - z^2}}{\sqrt{|s^2 - z^2|}}\right) \right. \\
& \left. + \sqrt{l^2 - z^2}\left(l - \sqrt{l^2 - s^2}\right) + z^2\ln\frac{\left|l + \sqrt{l^2 - z^2}\right|}{|z|} \right]\frac{2\left(1 - \upsilon^2\right)\left(P_{\text{fmax}} - P_{\text{maxup}}\right)}{E\pi(l + s)}
\end{aligned} \tag{4-16}
$$

式中，W_{42}——仅受其余应力第 2 部分影响下的缝宽，m。

3. 第 3 部分的分离与计算

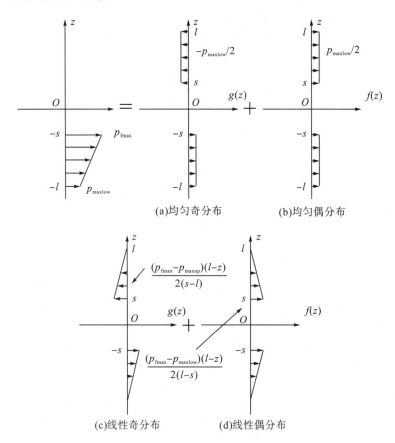

图 4-11   第 3 部分的奇偶分离

该段应力也可分成均匀分布和线性分布两段求解，各应力在上半平面的表达式为

$$P_{3a} = P_{maxlow}/2 \tag{4-17}$$

$$P_{3b} = -P_{maxlow}/2 \tag{4-18}$$

$$P_{3c} = -\frac{P_{fmax} - P_{maxlow}}{2(l-s)}(l-z) \tag{4-19}$$

$$P_{3d} = \frac{P_{fmax} - P_{maxlow}}{2(l-s)}(l-z) \tag{4-20}$$

式中，P_{3a}——第 3 部分均匀奇分布应力，MPa；

P_{3b}——第 3 部分均匀偶分布应力，MPa；

P_{3c}——第 3 部分线性奇分布应力，MPa；

P_{3d}——第 3 部分线性偶分布应力，MPa。

将式(4-17)～式(4-20)代入式(4-1)中进行积分，可以得到仅受其余应力第三部分影响下的裂缝宽度分布方程。

$$W_{43} = -\left(\ln\frac{\sqrt{l^2-s^2}+\sqrt{l^2-z^2}}{\sqrt{\left|s^2-z^2\right|}} - \frac{s}{|z|}\ln\frac{\left|s\right|\sqrt{l^2-z^2}+\left|z\right|\sqrt{l^2-s^2}}{l\sqrt{\left|s^2-z^2\right|}} \right)$$

$$\times \frac{4\left(1-\upsilon^2\right)P_{\text{maxlow}}z}{E\pi} + \left(\arccos\frac{s}{l}\sqrt{l^2-z^2} + |z|\ln\frac{\left|s\right|\sqrt{l^2-z^2}+\left|z\right|\sqrt{l^2-s^2}}{l\sqrt{\left|s^2-z^2\right|}} \right.$$

$$\left. - s\ln\frac{\sqrt{l^2-s^2}+\sqrt{l^2-z^2}}{\sqrt{\left|s^2-z^2\right|}} \right)\frac{4P_{\text{maxlow}}\left(1-\upsilon^2\right)}{E\pi} + \frac{4z\left(1-\upsilon^2\right)\left(P_{\text{fmax}}-P_{\text{maxlow}}\right)}{E\pi\left(l-s\right)}$$

$$\times \left[\frac{|z|}{2}\ln\frac{\left|s\right|\sqrt{l^2-z^2}+\left|z\right|\sqrt{l^2-s^2}}{l\sqrt{\left|s^2-z^2\right|}} + \frac{\pi}{4}\sqrt{l^2-z^2} - \frac{1}{2}\arcsin\frac{s}{l}\sqrt{l^2-z^2} \right. \tag{4-21}$$

$$-\left(l-\frac{s}{2}\right)\left(\ln\frac{\sqrt{l^2-s^2}+\sqrt{l^2-z^2}}{\sqrt{\left|s^2-z^2\right|}} - \frac{s}{|z|}\ln\frac{\left|s\right|\sqrt{l^2-z^2}+\left|z\right|\sqrt{l^2-s^2}}{l\sqrt{\left|s^2-z^2\right|}} \right)$$

$$\left. -\frac{s}{2}\ln\frac{\sqrt{l^2-s^2}+\sqrt{l^2-z^2}}{\sqrt{\left|s^2-z^2\right|}} \right] + \left[\frac{\pi l\sqrt{l^2-z^2}}{2} - l\left(s\ln\frac{\sqrt{l^2-s^2}+\sqrt{l^2-z^2}}{\sqrt{\left|s^2-z^2\right|}} \right. \right.$$

$$\left. +\sqrt{l^2-z^2}\arcsin\frac{s}{l} - |z|\ln\frac{\left|s\right|\sqrt{l^2-z^2}+\left|z\right|\sqrt{l^2-s^2}}{l\sqrt{\left|s^2-z^2\right|}} \right) - \frac{1}{2}\sqrt{\left(l^2-s^2\right)\left(l^2-z^2\right)}$$

$$\left. +\left(s^2-z^2\right)\frac{1}{2}\ln\frac{\sqrt{l^2-s^2}+\sqrt{l^2-z^2}}{\sqrt{\left|s^2-z^2\right|}} \right]\frac{4\left(1-\upsilon^2\right)\left(P_{\text{fmax}}-P_{\text{maxlow}}\right)}{E\pi\left(l-s\right)}$$

式中，W_{43}——仅受其余应力第三部分影响下的缝宽，m。

图 4-12 采用表 4-1 的相关参数，分别绘制了式(4-10)确定的其余应力第 1 部分对缝

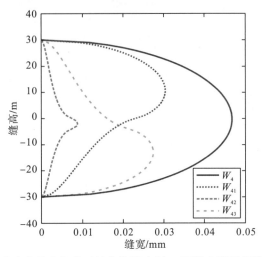

图 4-12　其余应力和其各部分对缝宽的影响(上、下缝尖流压相差 1MPa、$s=4$)

宽的影响 W_{41}，式(4-16)确定的其余应力第 2 部分对缝宽的影响 W_{42}，式(4-21)确定的其余应力第 3 部分对缝宽的影响 W_{43}，以及三者之和(考虑到对称性和便于表述让缝宽减小的应力，图中绘制的均为半缝宽，$W_{41}/2$，$W_{42}/2$，$W_{43}/2$ 和 $W_{41}/2+W_{42}/2+W_{43}/2$)。

从图 4-12 可以看出 W_{41} 主要撑开了裂缝的上半部分，W_{42} 主要撑开了裂缝-4m 左右的一个区间，W_{43} 主要撑开了裂缝的下半部分，这与实际的物理背景是吻合的，因此公式推导结果应该是正确的。其余应力之和所撑开的缝宽均匀应力差别不大，最大缝宽所处的位置也没有明显变化，这是上尖端流压和下尖端流压相差不大造成的。为了对比流压中心和裂缝中心偏距 s 的影响，又绘制出了 $s=12$m，$P_{\text{maxup}}=20$MPa，其余同表 4-1 的曲线，如图 4-13 所示。

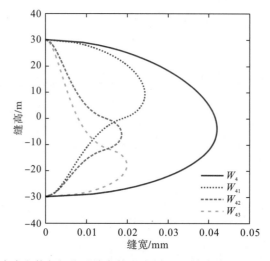

图 4-13　其余应力和其各部分对缝宽的影响(上、下缝尖流压相差 12MPa，$s=12$)

图 4-13 中的最大缝宽所处位置与裂缝中心出现了明显的差异，证明当流压中心与裂缝中心有偏距时，最大缝宽不仅会因为盖层和底层影响而发生偏移，上、下摩阻的不对称分布也会影响最大缝宽在裂缝垂向上所处的位置。

4.3.5　产层内的缝宽

以上推导是在裂缝穿层后发生不对称延伸时的宽度模型。在裂缝没有穿过产层时，裂缝中心和产层中心是重合的，因此应该采用对称的模型[97]。

此时净压力对缝宽影响为

$$W_1' = -\frac{4\left(1-\upsilon^2\right)}{E}\left(P_{\text{fmax}} - \sigma_{\text{mid}}\right)\sqrt{l^2-z^2} \tag{4-22}$$

式中，W_1'——裂缝不穿层时，仅有净压力影响下的缝宽，m。

重力差对缝宽的影响变为

$$W_2' = -\frac{2z\left(1-\upsilon^2\right)\sqrt{l^2-z^2}}{E}\left(\gamma_{\text{f}} - \gamma_1\right) \tag{4-23}$$

式中，W_2'——仅有重力差影响下的缝宽，m；

　　γ_f——主应力的梯度，MPa/m；

　　γ_l——液体的重力梯度，MPa/m。

对称摩阻对缝宽的影响

$$W_3' = -\frac{4\left(1-\upsilon^2\right)k}{\pi E}\left[l\sqrt{l^2-z^2}+z^2\left(\ln l+\sqrt{l^2-z^2}-\ln|z|\right)\right] \tag{4-24}$$

式中，W_3'——仅有对称摩阻影响下的缝宽，m；

　　k——对称摩阻梯度，MPa/m。

有些专家认为对称摩阻对缝宽的影响为式(4-25)，这其实是错误的结果，为了验证摩阻对缝宽的影响，以表 5-1 的基础数据绘制了式(4-24)和式(4-25)的半缝宽曲线。

$$W_e' = \frac{4\left(1-\upsilon^2\right)k}{E\pi}\left[l\sqrt{l^2-z^2}-z^2\ln\left(l+\sqrt{l^2-z^2}\right)\right] \tag{4-25}$$

式中，W_e'——错误的摩阻缝宽计算结果，m。

图 4-14 中黑色实线为式(4-24)得出的曲线，而蓝色的点线为式(4-25)得出的曲线。实线在全区间[-30，30]为负，表示摩阻的影响是降低流压、减小缝宽的。而点线在裂缝中心为正，认为摩阻是增大缝宽的，这是明显错误的结论。不仅如此，点线在裂缝尖端处的缝宽没有等于零，这也是不可能的。因为在裂缝的尖端，两个壁面会有交点，该尖端相当于一个固定约束，该处的相对位移必须为零。因此在计算摩阻影响时，应该采用式(4-24)而不是式(4-25)的解。

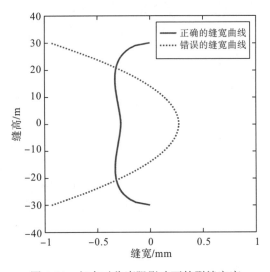

图 4-14　仅有对称摩阻影响下的裂缝宽度

4.3.6　缝宽影响因素综合分析

经过对各个应力的积分计算后，对它们求和即可得到裂缝总的宽度表达式。在裂缝穿层和未穿层时的裂缝宽度分别为式(4-26)和式(4-27)。

对于穿层裂缝有

$$W = W_1 + W_2 + W_3 + W_{41} + W_{42} + W_{43} \tag{4-26}$$

对于层内裂缝有

$$W' = W_1' + W_2' + W_3' \tag{4-27}$$

式中，W——穿层裂缝的总宽度，m；

　　　W'——层内裂缝的总宽度，m。

以表 4-1 中的参数为基本数据，进行了酸压裂缝宽度的模拟和一些关键数据的参数分析[①]。

1. 裂缝几何的影响

图 4-15 给出了裂缝高度对缝宽的影响，当净压力和中心偏距不改变时，裂缝高度越高，裂缝宽度越大。在裂缝刚穿出产层时，裂缝的对称性最差，下半缝的缝宽比上半缝宽很多。其原因是该处更接近流压中心，受高流压的影响更加明显。

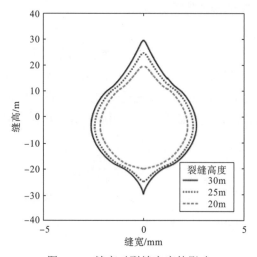

图 4-15　缝高对裂缝宽度的影响

图 4-16 显示裂缝中心和产层中心（与流压中心重合）的偏离距离对裂缝的形态有很大的影响，中心偏距越大，裂缝的对称性越差，最大缝宽不断下移。最大缝宽依次位于-3m，-7m 和-10m 左右，明显不与最大流压位置重合，这是因为裂缝受到两尖端约束的作用。例如当最大流压在裂缝下尖端顶点时，裂缝尖端两壁面的相对位移也应该是零，最大缝宽应该位于下尖端以上的某一处位置。

2. 岩石物性的影响

图 4-17 和图 4-18 显示杨氏模量增大或者泊松比增大都会减小裂缝宽度，但对裂缝的对称性没有明显影响。在合理的参数变化区间内，杨氏模量对缝宽的影响明显大于泊松比的影响。考虑到缝高使用的是 COD 判据，可以认为杨氏模量对缝高的影响明显大于泊松比。

---

① 本节只模拟了穿层情况，因为其更具有代表意义，图例单位均取表 4-1 中的值，本节中横坐标为负并不表示减小缝宽的作用，而是表示缝面的位移，闭合曲线表示酸压裂缝的真实截面形态。

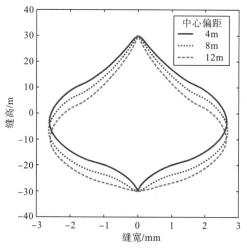

图 4-16　中心偏距对裂缝宽度的影响

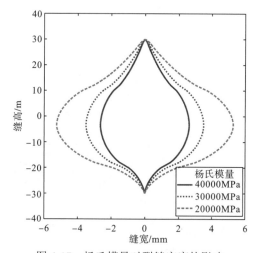

图 4-17　杨氏模量对裂缝宽度的影响

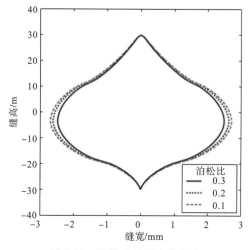

图 4-18　泊松比对缝宽的影响

3.隔层应力

由图 4-19 和图 4-20 可以看出，底层和盖层应力对缝宽的不对称分布都有些许影响，但是没有中心偏距的影响大。仔细观察还可以发现，图 4-19 和图 4-20 的平均缝宽变化不大，但是尖端缝宽却增大了 2~3 倍，明显大于杨氏模量的影响。

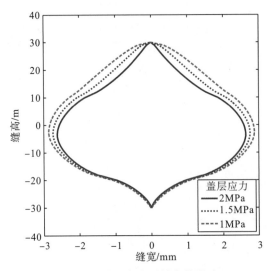

图 4-19　盖层应力对缝宽的影响

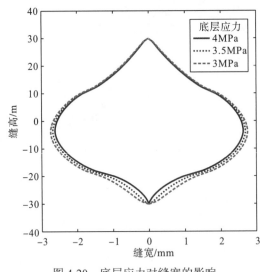

图 4-20　底层应力对缝宽的影响

4.流压的影响

从图 4-21 可以看出，最大流压增大，裂缝宽度大幅度增加，其影响堪比杨氏模量，因此净压力对裂缝高度也有重大影响。但是在这里的最大流压是人为选择的，在实际施工过程中，最大流压会受到隔层应力差、酸液黏度等诸多因素的影响。

图 4-22 显示，不对称摩阻会对裂缝的对称性产生一定影响。

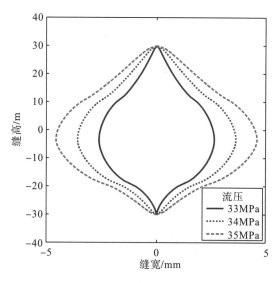

图 4-21　流压对缝宽的影响

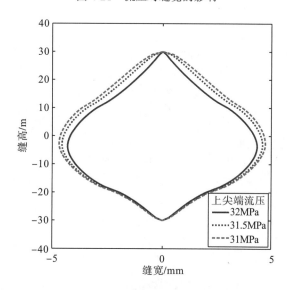

图 4-22　不对称摩阻对缝宽的影响

综上，可以看出裂缝宽度的影响因素是比较复杂的，对缝宽影响较为明显的因素主要有杨氏模量和缝内流压，而影响裂缝对称性的主要因素是中心偏距，隔层应力、不对称摩阻对对称性也有一定的影响。

4.4　缝 高 判 据

4.3 节计算裂缝宽度的各项参数都是假定的，在真实的酸压施工中，裂缝参数和一些施工参数、地层参数却是相互影响的。如何在仅有施工参数和地层参数的情况下，确定裂缝几何形态(例如半缝高 l 和中心偏距 s)，就涉及裂缝高度延伸的问题，需要引入裂缝高度延伸判据。

Palmer 和 Morales 拟三维模型的裂缝高度延伸判据，都是 Rice 推导的应力强度因子公式，对于上、下缝尖分别有式(4-28)和式(4-29)：

$$K_{up} = \frac{1}{\sqrt{\pi l}} \int_{-l}^{l} P(z) \sqrt{\frac{l+z}{l-z}} dz \tag{4-28}$$

$$K_{low} = -\frac{1}{\sqrt{\pi l}} \int_{l}^{-l} P(z) \sqrt{\frac{l-z}{l+z}} dz \tag{4-29}$$

式中，K_{up}——裂缝上尖端的应力强度因子(I 型)，MPa·m$^{1/2}$；

K_{low}——裂缝下尖端的应力强度因子(I 型)，MPa·m$^{1/2}$。

该应力强度因子是标准的静态模型，主要描述裂缝从静止到延伸所需要满足的力学条件。Clifton 和 Abou-Sayed 建立的全三维裂缝延伸模型中则引入如下形式的裂缝延伸判据：

$$K_{IC} = \frac{G}{2(1-\upsilon)} \sqrt{\frac{2\pi}{a}} W_a \tag{4-30}$$

式中，G——剪切模量，MPa；

K_{IC}——断裂韧性，MPa·m$^{1/2}$；

a——距离裂缝尖端的微小距离，m；

W_a——距离尖端 a 处的裂缝宽度，m。

有些文献认为该模型是动态的应力强度因子，但实际上并非如此。式(4-30)可以解释为对于同一种材料而言，无论裂缝形态如何，临界状态时在裂缝尖端处的缝宽基本维持不变。这其实是裂缝延伸扩展的 COD 判据。

COD 判据最早由 Wells 提出[98,99]，一般译为裂缝张开位移判据。该判据认为在有显著变形发生的地方，裂纹的张开位移达到临界值时开始扩展；并认为裂纹尖端的张开位移可作为强烈变形的尺度，可以表征裂缝顶端附近的应力、应变场的综合效应。COD 的大小与裂缝壁面的受载情况有关。一定的 COD 值对应一定的受载状态，即对应裂缝尖端处的一定应力、应变场强度。相比于 K 判据、G 判据、J 判据，工程上更多使用 COD 判据(考虑了尖端塑性)。

由以上的描述可以看出式(4-30)就是某种形式上的 COD 判据。相比于 Rice 的静态应力强度因子需要直接对裂缝壁面应力进行积分，COD 判据显然要简单许多，只需要判定裂缝尖端的相对位移(缝宽)即可。但其本质与式(4-28)和式(4-29)相同，都是静态的裂缝延伸判据。那么静态的延伸判据可以用来计算裂缝延伸的动态过程吗？要回答这个问题，首先需要了解酸压裂缝在地层中的真实延伸模式。

多数裂缝延伸模型模拟的裂缝延伸行为都是连续的，只有全三维模型例外，裂缝是否延伸完全取决于式(4-30)的判定。即便在注液一段时间后净压力有所升高，但是裂缝尖端的张开位移不能达到临界条件，裂缝也不能延伸。每次裂缝尖端向前移动的距离也是经验确定的[100]，整个延伸过程都是间断、有序的推进过程，这与真实裂缝延伸的情况最为接近。因为裂缝在固体中的传播速度非常快，一般都在音速以上，但是流体在裂缝中的流动速度显然是不能达到音速的。因此裂缝延伸时，尖端应该处在脱液状态。尖端的脱液必定会造成尖端压力下降、缝宽变窄，因为不能满足维持延伸的条件而发生止裂。止裂后，缝中液体又开始不断注入、累积，壁面受到的压力不断增大，裂缝尖端的张开位移再次达到延伸条件，裂缝尖端又向前移动一段距离。酸压裂缝在整个酸压施工中都是裂缝起裂-动态延伸-裂缝止裂的循环往复过程，如图 4-23 所示。

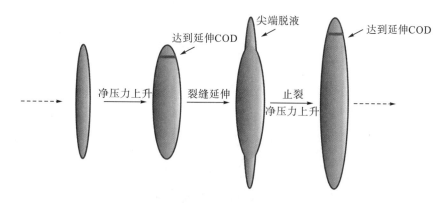

图 4-23　真实裂缝的间断延伸过程

　　既然真实裂缝的延伸过程是静态判据（假设延伸前的加载是静态的、稳定的）和动态判据不断交替满足的过程。理论上不论采用何种延伸判据，都只存在裂缝延伸的周期差异。该周期即裂缝尖端向前移动距离的经验取值，一般小于 3m，在多数情况下可以满足精度要求。因此在人工裂缝规模不太小的情况下，静态的裂缝延伸判据也是适用的。

　　将式(4-26)和式(4-30)联立，并考虑到上、下尖端分别在顶层和底层中，可以得到裂缝穿层时的缝高判据：

$$W\Big|_{z=l-a_{up}} = \frac{4K_{ICup}\left(1-\upsilon^2\right)}{E}\sqrt{\frac{2a_{up}}{\pi}} \tag{4-31}$$

$$W\Big|_{z=a_{low}-l} = \frac{4K_{IClow}\left(1-\upsilon^2\right)}{E}\sqrt{\frac{2a_{low}}{\pi}} \tag{4-32}$$

式中，a_{up}——距离裂缝上尖端的微小距离，m；

　　　　a_{low}——距离裂缝下尖端的微小距离，m；

　　　　K_{ICup}——盖层的断裂韧性，MPa·m$^{1/2}$；

　　　　K_{IClow}——底层的断裂韧性，MPa·m$^{1/2}$。

　　当裂缝在层内对称延伸时，由于裂缝几何的未知数仅有半缝高 l 一个，因此仅能得出式(4-33)一个方程：

$$W'\Big|_{z=|l-a_{mid}|} = \frac{4K_{ICmid}\left(1-\upsilon^2\right)}{E}\sqrt{\frac{2a_{mid}}{\pi}} \tag{4-33}$$

式中，a_{mid}——对称裂缝中距离上、下尖端的微小距离，m；

　　　　K_{ICmid}——产层的断裂韧性，MPa·m$^{1/2}$。

4.5　流　动　压　降

在主要线性流方向上，考虑椭圆管流的流体压降，有

$$\frac{\mathrm{d}p}{\mathrm{d}x} = -\frac{2^{n+1}k_\mu}{W_{\max}^{2n+1}}\left[\frac{8Q(2n+1)}{3n\pi l}\right]^n \tag{4-34}$$

式中，$\mathrm{d}p/\mathrm{d}x$——沿缝长方向的流体压降，MPa/m；

$\quad\quad k_\mu$——稠度系数，$\mathrm{MPa\cdot s}^n$；

$\quad\quad n$——流态指数，无量纲；

$\quad\quad Q$——沿缝长方向的流量，m^3/s；

$\quad\quad W_{\max}$——最大缝宽，m。

在以往的模型中一般不计算垂向压降，或者只是经验性地给出一个固定压降来计算它对裂缝三维延伸的影响。在本模型中，由于假设了在次要线性流方向上满足平板压降公式，因此垂向压降是可以计算的。垂向的流动压降主要由流体重力梯度 γ_1、最小主应力梯度 γ_f 和流体在垂向上的流动摩阻共同叠加形成。

向上流动的压降 k_1 表示为

$$k_1 = \frac{\mathrm{d}P}{\mathrm{d}z} = -\frac{2^{n+1}k_\mu}{W_{\max}^{2n+1}}\left[\frac{(2n+1)}{n}V_{\mathrm{up}}\overline{W}_{\mathrm{up}}\right]^n - \gamma_1 + \gamma_f \tag{4-35}$$

向下流动的压降 k_2 表示为

$$k_2 = \frac{\mathrm{d}P}{\mathrm{d}z} = -\frac{2^{n+1}k_\mu}{W_{\max}^{2n+1}}\left[\frac{(2n+1)}{n}V_{\mathrm{low}}\overline{W}_{\mathrm{low}}\right]^n + \gamma_1 - \gamma_f \tag{4-36}$$

未穿层时，流体垂向摩阻 k 和重力差梯度是分开计算的，因此垂向压降仅与垂向摩阻有关：

$$k = -\frac{2^{n+1}k_\mu}{W_{\max}^{2n+1}}\left[\frac{(2n+1)}{n}V_{\mathrm{mid}}\overline{W}_{\mathrm{mid}}\right]^n \tag{4-37}$$

式中，V_{up}——流体在裂缝中由流压中心向上尖端流动的平均速度，m/s；

$\quad\quad V_{\mathrm{low}}$——流体在裂缝中由流压中心向下尖端流动的平均速度，m/s；

$\quad\quad V_{\mathrm{mid}}$——裂缝在层内延伸时流体向两个尖端流动的平均速度，m/s；

$\quad\quad \overline{W}_{\mathrm{up}}$——流压中心以上部分的平均缝宽，m；

$\quad\quad \overline{W}_{\mathrm{low}}$——流压中心以下部分的平均缝宽，m；

$\quad\quad \overline{W}_{\mathrm{mid}}$——裂缝在层内延伸时的平均缝宽，m。

式(4-5)、式(4-6)、式(4-35)、式(4-36)与式(4-26)或者式(4-36)与式(4-27)可以构成一个关于裂缝宽度、压力分布和垂向压降的方程组。但是本身互相包含，在计算时需要首先假设一个垂向压降(摩阻)，再进行迭代求解。

4.6　连续性方程

考虑流体是不可压缩的，则质量守恒方程可以转变为体积守恒方程，得到如下形式的连续性方程：

$$-\frac{\mathrm{d}Q(x,t)}{\mathrm{d}x} = q_{\text{leakoff}} + \frac{\mathrm{d}A(x,t)}{\mathrm{d}t} \tag{4-38}$$

$$q_{\text{leakoff}} = \frac{2lC}{\sqrt{t-t_p(x)}} + \frac{2V_{\text{sp}}(l_t - l_{t-1})}{\mathrm{d}t} \tag{4-39}$$

式中，q_{leakoff}——滤失速度，m^2/s；

C——滤失系数，$\text{m/s}^{1/2}$；

A——裂缝截面积，m^2；

l_t——当前时刻的裂缝高度，m；

l_{t-1}——上一时刻的裂缝高度，m；

V_{sp}——初滤失量，m^3/m^2；

t——酸压中的某一时刻，s；

t_p——酸压裂缝中某处刚开始接触液体的时刻，s。

酸压裂缝一旦遭遇到微裂缝和溶蚀孔洞就会产生明显的体积损失，即初滤失现象。因此在计算酸压裂缝滤失体积时，对新开启的缝面都考虑了初滤失量 V_{sp} 的作用。

由于质量守恒是最精确的方程，因此将式(4-38)作为整个模型的迭代条件来使用，以确保该方程能够被优先满足。

4.7　程 序 流 程

(1)假设某一时刻缝口处的压力为 P_1，裂缝中向上流动的压降为 k_1，向下流动的压降为 k_2，采用 COD 判据结合裂缝宽度方程计算裂缝的半高 l 和中心偏距 s。

(2)若 l 大于产层半高，则采用穿层的裂缝宽度模型计算裂缝宽度 W，再计算上、下流动压降，与假设的初值对比，重复以上步骤迭代求解，直到前后两次计算的误差满足要求。

(3)若 l 小于产层半高，则采用层内模型计算裂缝宽度 W'，解出上、下流动压降，对比假设的初值，迭代直到满足精度要求。

(4)在某一截面的宽度分布和上、下流动压降确定以后，计算经过 Δx 长度后的缝内流体压力 P_2。

(5)重复(1)～(4)，得到相应的 P_n 和 Q_n，直到(6)或(7)的条件发生。

(6)缝内流压小于产层的最小主应力，判断流量是否小于允许误差，小于允许误差进入(8)，大于允许误差则适当增加 P_1，重复(1)～(5)。

(7)缝内流量小于某微小值，判断流压是否接近产层最小主应力，是则进入(8)，否则适当减小 P_1，重复(1)～(5)。

(8)判断施工是否结束，若未达到预先设定的施工时间，则进行下一时间段的迭代重复(1)～(7)。

(9)若达到预先设定的施工时间，储存数据，退出程序。

具体编程的流程图可参见图4-24。

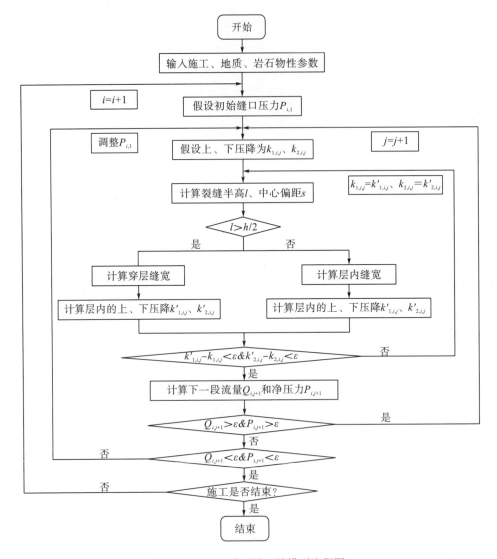

图 4-24　拟三维裂缝延伸模型流程图

4.8　缝高控制因素分析

本节主要分析初滤失量对裂缝延伸的影响，以及隔层应力差、杨氏模量、断裂韧性、排量变化和滤失系数对缝高延伸的影响。

4.8.1　初滤失的影响

初滤失是指在基质表面还未形成稳定滤饼之前液体超过预期的滤失。一般在裂缝模拟中均不考虑这一问题，但是碳酸盐岩油藏天然裂缝和溶蚀孔洞发育初滤失的影响比较严重。在如表 4-2 的参数设定下，分析初滤失对裂缝延伸的影响。

表 4-2　分析初滤失的裂缝模拟参数

Δt/S	Δx/m	h/m	σ_{up}/MPa	σ_{mid}/MPa	σ_{low}/MPa	K_{up}/(MPa·m$^{1/2}$)	K_{low}/(MPa·m$^{1/2}$)
600	5	30	2	30	4	1.5	1.7

K_{mid}/(MPa·m$^{1/2}$)	E/MPa	v/无量纲	a/m	C/(m/s$^{1/2}$)	K_{μ}/(Pa·s^n)	n/无量纲	V_{sp}/(m^3/m^2)
1.0	40000	0.25	0.5	0.0001	0.8	0.2	0.003

	Q/(m^3/min)						
	3，4，5，6						

表 4-2 中的 Q 以向量形式表示，表示每个时间步长的排量。该模型可以模拟变排量的情况。

由于裂缝在延伸进入产层后模拟出的缝高过小，因此在大部分模拟结果中都难以观察到产层内的延伸。仅有图 4-25 的 10min、40min，图 5-26 的 20min、40min 在 0.5~1m 处有不太明显的层内延伸。层内延伸的处理还需要改进。

在考虑了非对称摩阻对缝宽的影响之后，简单的数值方法不能解出缝宽非线性方程组的半缝高和中心偏距精确解，因此采用了近似的概率法计算方法。碍于设备因素无法进行超高精度的计算，因此在部分模拟高度的曲线中有些许不光滑的现象。

由图 4-25 和图 4-26 可以看出，初滤失对裂缝的延伸规模有明显的影响。存在初滤失时，缝高、缝长都会显著减小；当不考虑初滤失时，裂缝的延伸速度太快，且不太合理。

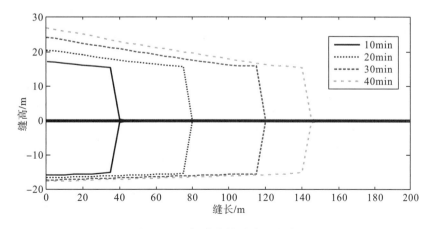

图 4-25　无初滤失的裂缝延伸过程

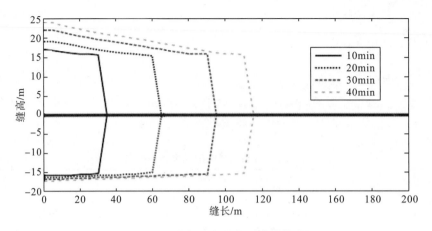

图 4-26　存在初滤失时的裂缝延伸过程

图 4-27 和 4-28 在裂缝尖端净压力不圆滑是迭代条件选取的比较宽松造成的。因为在裂缝过长时，井口端的微小净压力变化也能引起整条裂缝的滤失，体积和初滤失量产生巨大的差异。因此不得不把迭代条件选取得宽松一些，以增加模型的收敛性。

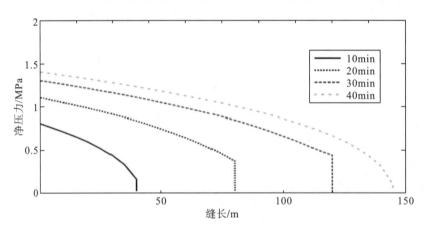

图 4-27　无初滤失的裂缝净压力

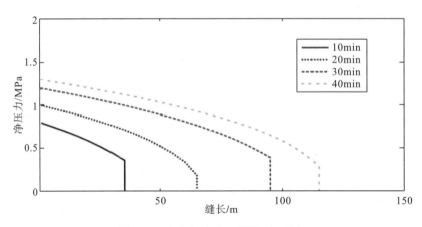

图 4-28　存在初滤失时的裂缝净压力

　　从图 4-27 和图 4-28 可以看出考虑初滤失后净压力会下降，因此裂缝宽度也会有所减小。

4.8.2　主要参数分析

　　在该节中对参数分析时都选取了表 4-3 的参数作为基础数据。

表 4-3　参数分析的基本数据

$\Delta t/s$	$\Delta x/m$	h/m	σ_{up}/MPa	σ_{mid}/MPa	σ_{low}/MPa	$K_{up}/(MPa\cdot m^{1/2})$	$K_{low}/(MPa\cdot m^{1/2})$
600	5	30	1	30	2	1.5	1.7

$K_{mid}/(MPa\cdot m^{1/2})$	E/MPa	$\upsilon/$无量纲	a/m	$C/(m/s^{1/2})$	$K_\mu/(Pa\cdot s^n)$	$n/$无量纲	$V_{sp}/(m^3/m^2)$
1.0	40000	0.25	0.5	0.0001	0.8	0.2	0.003

$Q/(m^3/min)$
1.5，2.5，3.5，4，5，5，5，5，5

1. 隔层应力差

考虑如下三组形式的隔层应力差进行模拟计算：

(1) 盖层应力差 1MPa、底层应力差 2MPa；

(2) 盖层应力差 1MPa、底层应力差 1.2MPa；

(3) 盖层应力差 2MPa、底层应力差 4MPa。

　　图 4-29 的模拟结果显示，当盖层和底层应力相差 1MPa 时，下缝高的延伸基本处在停滞状态，开泵 90min 之后，才穿入底层 5m，而上缝高已经穿入盖层 51m。这比常规模型模拟的上、下缝高差异还要大。其原因是流体向上流动时，流动距离远，裂缝窄，压降大；流体向下流动时，流动距离短，裂缝宽，压降小。因此非对称的摩阻让上、下缝高的差异更加明显。

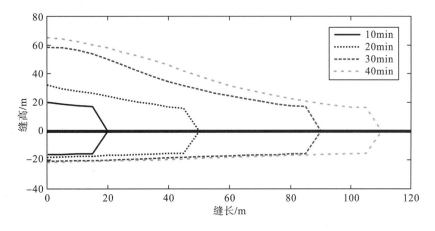

图 4-29　第 A 组隔层应力的裂缝延伸过程

图 4-30 模拟出的上、下缝高比较接近,但是裂缝在高度方向完全失控。以最高 5m³/min 的排量施工 90min 后,缝高已经明显大于缝长。

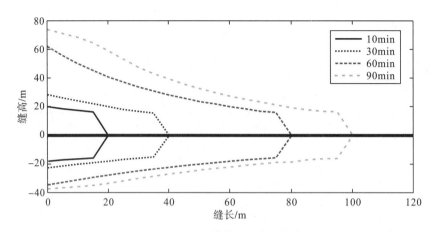

图 4-30 第 B 组隔层应力的裂缝延伸过程

图 4-31 显示,底层应力差达到 4MPa,盖层应力差达到 2MPa 时,裂缝高度受到控制,并且穿透深度大幅度增加。

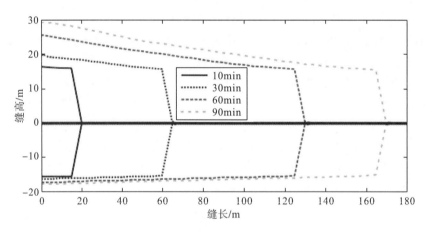

图 4-31 第 C 组隔层应力的裂缝延伸过程

该组模拟证明了隔层应力差是控制缝高延伸的关键因素。人工隔层方法的控高效果应该极为显著。

2. 杨氏模量

杨氏模量 40000MPa 时的裂缝延伸情况见图 4-29。

由图 4-29、图 4-32 和图 4-33 可得,杨氏模量对缝高的影响也比较明显。杨氏模量减小一半,缝高减小了 13m。并且当盖层应力和底层应力相差较大时,杨氏模量的变化基本不能影响下缝高的延伸,下缝高只随时间变化而变化。

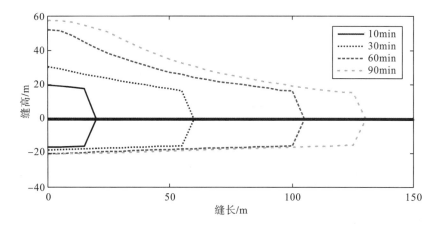

图 4-32　杨氏模量 30000MPa 时的裂缝延伸过程

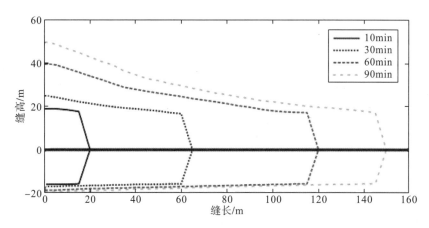

图 4-33　杨氏模量 20000MPa 时的裂缝延伸过程

3. 排量变化

设计三组阶梯变排量泵注程序(均为 10min 一段):

$Q_D = (1.5+2.5+3.5+4+5+5+5+5+5) \, \text{m}^3/\text{min} \times 10\text{min} = 365\text{m}^3$;

$Q_E = (2+2+2.5+3+3+3+3+3+3+3+3+3) \, \text{m}^3/\text{min} \times 10\text{min} = 365\text{m}^3$;

$Q_F = (1.5+3+4+4+4+4+4+4+4+4) \, \text{m}^3/\text{min} \times 10\text{min} = 365\text{m}^3$。

Q_D 得到的裂缝延伸情况如图 4-29。

对比图 4-29、图 4-34 和图 4-35 可以发现,当施工总液量相同时,平均排量减小会降低穿透深度,但是对缝高的控制效果微乎其微。对于需要高排量、深穿透,沟通更多天然裂缝和溶洞体的油藏来说,排量控制不仅不能起到控制缝高的作用,还会适得其反,造成不必要的缝长损失。

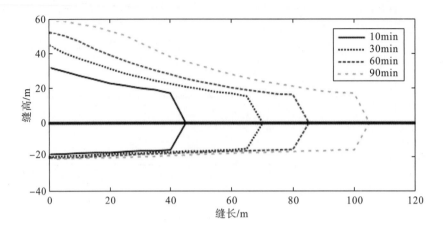

图 4-34 阶梯排量为 Q_E 时的裂缝延伸情况

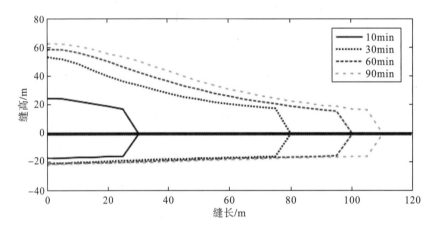

图 4-35 阶梯排量为 Q_F 时的裂缝延伸情况

4. 断裂韧性

将断裂韧性同样分为如下三组：

G 组：K_{up}=1.5MPa·m$^{1/2}$、K_{low}=1.7 MPa·m$^{1/2}$、K_{mid}=1.0MPa·m$^{1/2}$；

H 组：K_{up}=3MPa·m$^{1/2}$、K_{low}=3.4MPa·m$^{1/2}$、K_{mid}=1.0MPa·m$^{1/2}$；

I 组：K_{up}=1.5MPa·m$^{1/2}$、K_{low}=3.4MPa·m$^{1/2}$、K_{mid}=1.0MPa·m$^{1/2}$。

G 组断裂韧性的延伸过程见图 4-29。

由图 4-29、图 4-36 和图 4-37，盖层和底层的断裂韧性大小会影响裂缝高度。盖层和底层的断裂韧性差异会影响裂缝沿缝长方向剖面的对称性。但是这些影响仅在裂缝延伸初期比较显著，在泵注时间超过一小时后逐渐消失。

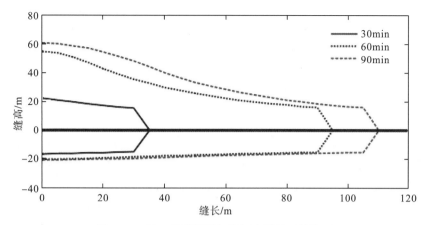

图 4-36 第 H 组的断裂韧性组合裂缝延伸情况

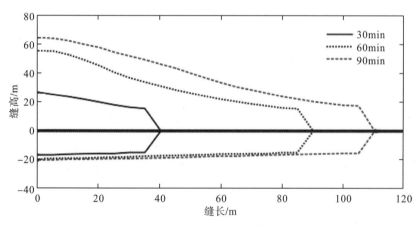

图 4-37 第 I 组的断裂韧性组合裂缝延伸情况

5. 滤失速度

在图 4-29 的基础上将基质滤失系数增大三倍，可以得到图 4-38。

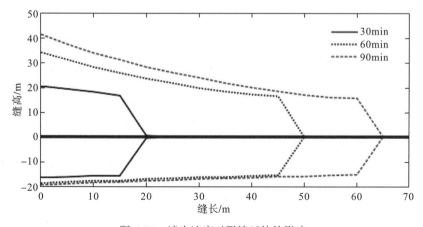

图 4-38 滤失速度对裂缝延伸的影响

图 4-38 表明滤失速度对裂缝几何尺寸有极为显著的影响。滤失系数增大，裂缝的长度、高度、宽度都会大幅度减小。需要实现裂缝深穿透的井应该考虑采取必要的降滤措施。

4.9　人工隔层控缝高效果模拟

凝胶人工隔层和常规人工隔层在形成隔层压降的机理上存在明显差异。当用填砂管实验模拟常规人工隔层压降时，得到的是流体经过隔离剂的渗流阻力。而凝胶隔层实验是流体突破凝胶时的压力，在流体突破之前，盛有隔离剂套筒的出口端都保持了大气压。因此，在模拟这两种工艺时，可以考虑其对裂缝壁面分布的应力产生如图 4-39 所示的影响。

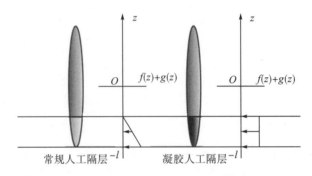

图 4-39　常规人工隔层和凝胶人工隔层的区别

凝胶人工隔层可以直接考虑为分布随尖端移动的均匀应力，而常规人工隔层需要考虑为随尖端移动的斜率为负的线性应力。不难发现，凝胶人工隔层应力对缝宽的影响可以套用底层应力差的公式(4-4)；而常规人工隔层应力对缝宽的影响是底层应力差公式(4-4)和其余应力第 3 部分中线性分布应力之差。

假设高强度的人工隔层在下缝尖铺置了 0.1m(强度约为 3MPa，约在 $6m^3/min$ 的排量下泵注 4min)，而常规人工隔层在下缝尖铺置了 2m(全长的压降约为 0.2MPa)。模拟的结果如图 4-39 所示。

图 4-40 显示，在不采用任何技术，仅进行简单酸压施工时，下缝高最高达到 27.5m，缝长仅有 60m。简单施工不仅容易让裂缝穿入底水，穿透深度也不能达到预期目标。

使用常规人工隔层控缝高技术后，缝长有所增加，约为 75m；但是井口附近的下缝高依然没有得到有效控制。采用控缝高新工艺之后，下缝高被控制在 20m 以内，并且缝长增加到约 90m。

凝胶人工隔层比常规人工隔层形成的压降更大，对缝高的控制作用更加明显，并且破胶后基本无残渣，对储层的伤害极小，能够经济有效地增加酸液的穿透深度，值得进一步在油田推广应用。

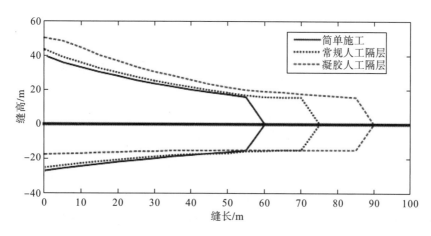

图 4-40　传统人工隔层和凝胶人工隔层的控高效果

第5章 层间滑移对缝高延伸的抑制作用

5.1 考虑层间滑移的缝高判据

层间滑移等地质构造形成的结构弱面会造成层间滑移，从而抑制酸压裂缝的垂向延伸，其原理如图 5-1 所示。但其裂缝几何形态扭曲成了含有水平组分的复杂裂缝，所以无法使用常规方法进行模拟与定量分析。为了确定层间滑移对裂缝高度控制作用的大小，在非连续分布正应力等效平面缝的理论基础上，分别考虑 K 判据和 COD 判据建立的包含净压力、缝高、地层应力、断裂韧性、层间滑移长度与角度及其距裂缝中心距离等参数的数学模型。

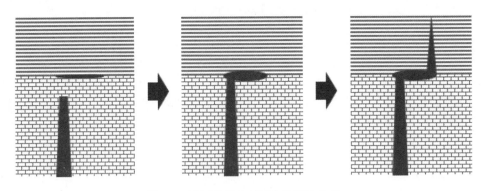

图 5-1 层间滑移抑制缝高扩展的机理

1)物理模型与假设条件

图 5-2 为模拟计算层间滑移对缝高抑制作用的物理模型，考虑以下假设条件，可分别建立基于 K 判据和 COD 判据的缝高扩展模型。

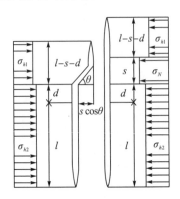

图 5-2 层间滑移抑制作用的物理模型

(1)满足弹性力学和断裂力学的基本假设条件，满足平面应变条件。

(2)同层中岩石均质且各向同性。

(3)忽略扭曲产生的微小诱导应力。

(4)忽略扭曲部分的节流效应(或称水头损失)，不计滤失。

(5)底层应力差足够大，裂缝不会延伸进入底层。

需要用到的参数如下所示：

σ_n——缝面所受正应力，MPa；

σ_v——垂向应力，MPa；

σ_{h1}——隔层的最小水平主应力，MPa；

σ_{h2}——产层的最小水平主应力，MPa；

θ——裂缝扭曲段与不整合面的夹角，(°)；

l——半缝高，m；

s——水平段长度，m；

d——夹层距裂缝中心距离，m；

π——圆周率；

K_I——应力强度因子，MPa·m$^{1/2}$；

K_{IC}——断裂韧性，MPa·m$^{1/2}$；

z——计算点距裂缝中心的距离，m；

P_n——缝内流压，MPa；

P——缝内净压力，MPa；

G——剪切模量，MPa；

E——弹性模量，MPa；

υ——泊松比；

a——距缝尖的微小距离，m；

W_a——$z=l-a$ 时的裂缝宽度，m；

t——中间积分变量，m。

建立考虑层间滑移的缝高扩展模型可以使用两种判据，即 Rice 推荐的 K 判据或者 Clifton 引入的完全弹性情况下的 COD 判据。本节在如图 5-2 的物理模型基础上，建立了分别基于两种判据的缝高扩展模型，计算了层间滑移对缝高的影响。

2)基于 K 判据的缝高扩展模型

Rice 引入的应力强度因子计算式为

$$\sqrt{\pi l}K_I = \int_l^l P(z)\sqrt{\frac{l+z}{l-z}}\mathrm{d}z \tag{5-1}$$

考虑到扭曲缝中的净压力 $P(z)$ 分布为

$$P(z) = \begin{cases} P_n - \sigma_{h1} & , s+d < z < l \\ P_n - \sigma_v & , d < z < s+d \\ P_n - \sigma_{h2} & , -l < z < d \end{cases} \tag{5-2}$$

将式 (5-2) 代入式 (5-1) 中积分, 并注意到当 $K_I = K_{IC}$ (断裂韧性) 时, 为裂缝延伸的临界状态, 可以计算出临界静压力与裂缝高度的关系为

$$P_n = \frac{\sigma_{h1} + \sigma_{h2}}{2} + \frac{1}{\pi l}[\sqrt{\pi l}K_{IC} - (\sigma_{h2} - \sigma_v)(\sqrt{l^2 - d^2} - l\arcsin\frac{d}{l})$$

$$- (\sigma_v - \sigma_{h1})(\sqrt{l^2 - (s+d)^2} - l\arcsin\frac{s+d}{l})] \tag{5-3}$$

3) 基于 COD 判据的缝高扩展模型

完全弹性情况下裂缝尖端张开位移扩展判据为

$$W_a = \frac{4K_I(1-\upsilon^2)}{E}\sqrt{\frac{2a}{\pi}} \tag{5-4}$$

由于 W_a 是距离裂缝尖端位移为 a 处的缝宽, 只与岩石的本征性质有关, 与裂缝形态无关。因此需要将式 (5-2) 与 England & Green 建立的裂缝宽度方程联立 [(式 5-4)], 引入缝高变量。

$$\begin{cases} F(t) = -\frac{t}{2\pi}\int_0^t \frac{f(z)}{\sqrt{t^2 - z^2}}\mathrm{d}z \\ G(t) = -\frac{1}{2\pi t}\int_0^t \frac{zg(z)}{\sqrt{t^2 - z^2}}\mathrm{d}z \\ w = -16\frac{1-\upsilon^2}{E}\int_{|z|}^t \frac{F(t) + zG(t)}{\sqrt{t^2 - z^2}}\mathrm{d}t \end{cases} \tag{5-5}$$

为了计算 England & Green 方程的裂缝宽度, 首先需要将缝内净压力式 (5-2) 分解为奇分布应力和偶分布应力:

$$f(z) = \begin{cases} p_n - (\sigma_{h1} + \sigma_{h2})/2 & , s+d < z < l \\ p_n - (\sigma_v + \sigma_{h2})/2 & , d < z < s+d \\ p_n - \sigma_{h2} & , 0 < z < d \\ p_n - \sigma_{h2} & , -d < z < 0 \\ p_n - (\sigma_v + \sigma_{h2})/2 & , -s-d < z < -d \\ p_n - (\sigma_{h1} + \sigma_{h2})/2 & , -l < z < -s-d \end{cases} \tag{5-6}$$

$$g(z) = \begin{cases} (\sigma_{h2} - \sigma_{h1})/2 & , s+d < z < l \\ (\sigma_{h2} - \sigma_v)/2 & , d < z < s+d \\ 0 & , 0 < z < d \\ 0 & , -d < z < 0 \\ -(\sigma_{h2} - \sigma_v)/2 & , -s-d < z < -d \\ -(\sigma_{h2} - \sigma_{h1})/2 & , -l < z < -s-d \end{cases} \tag{5-7}$$

由于 a 是距裂缝尖端的微小距离, 因此可以假定它的取值只在包含尖端的 [$s+d$, l] 中变化。最后通过积分计算 [$s+d$, l] 段的缝宽为

$$
\begin{aligned}
w = \frac{8(1-\upsilon^2)}{\pi E} & \left\{ \frac{\pi}{2}(p_\mathrm{n} - \sigma_\mathrm{h2})\sqrt{l^2 - z^2} + \frac{\sigma_\mathrm{h2} - \sigma_\mathrm{v}}{2}\left(\sqrt{l^2 - z^2}\arccos\frac{d}{l} \right.\right. \\
& - d\ln\frac{\sqrt{l^2 - d^2} + \sqrt{l^2 - z^2}}{\sqrt{z^2 - d^2}} + z\ln\frac{z\sqrt{l^2 - d^2} + d\sqrt{l^2 - z^2}}{l\sqrt{z^2 - d^2}} \bigg) + \frac{\sigma_\mathrm{v} - \sigma_\mathrm{h1}}{2} \\
& \times\left[\sqrt{l^2 - z^2}\arccos\frac{d+s}{l} - (d+s)\ln\frac{\sqrt{l^2 - (d+s)^2} + \sqrt{l^2 - z^2}}{\sqrt{z^2 - (d+s)^2}} \right. \\
& \left. + z\ln\frac{z\sqrt{l^2 - (d+s)^2} + (d+s)\sqrt{l^2 - z^2}}{l\sqrt{z^2 - (d+s)^2}} \right] + \frac{\sigma_\mathrm{h2} - \sigma_\mathrm{v}}{2} \\
& \times\left(z\ln\frac{\sqrt{l^2 - d^2} + \sqrt{l^2 - z^2}}{\sqrt{z^2 - d^2}} - d\ln\frac{z\sqrt{l^2 - d^2} + d\sqrt{l^2 - z^2}}{l\sqrt{z^2 - d^2}} \right) \\
& + \frac{\sigma_\mathrm{v} - \sigma_\mathrm{h1}}{2}\left[z\ln\frac{\sqrt{l^2 - (d+s)^2} + \sqrt{l^2 - z^2}}{\sqrt{z^2 - (d+s)^2}} \right. \\
& \left.\left. - (d+s)\ln\frac{z\sqrt{l^2 - (d+s)^2} + (d+s)\sqrt{l^2 - z^2}}{l\sqrt{z^2 - (d+s)^2}} \right] \right\}
\end{aligned}
\tag{5-8}
$$

当 $K_\mathrm{I} = K_\mathrm{IC}$ 时，有 $W_\mathrm{a} = W$，并考虑 $z = l - a$ 可得

$$
\begin{aligned}
P_\mathrm{n} = \sigma_\mathrm{h2} + \frac{1}{\pi\sqrt{2la - a^2}} & \left\{ K_\mathrm{IC}\sqrt{\frac{a\pi}{2}} - (\sigma_\mathrm{h2} - \sigma_\mathrm{v})\left[\sqrt{2la - a^2}\arccos\frac{d}{l} \right.\right. \\
& \left. + (l - a - d)\left(\ln\frac{\sqrt{l^2 - d^2} + \sqrt{2la - a^2}}{\sqrt{(l-a)^2 - d^2}} - \ln\frac{(l-a)\sqrt{l^2 - d^2} + d\sqrt{2la - a^2}}{\sqrt{(l-a)^2 - (d+s)^2}} \right) \right] \\
& - (\sigma_\mathrm{v} - \sigma_\mathrm{h1})\left[\sqrt{2la - a^2}\arccos\frac{d+s}{l} + \left(\ln\frac{\sqrt{l^2 - (d+s)^2} + \sqrt{2la - a^2}}{\sqrt{(l-a)^2 - (d+s)^2}} \right.\right. \\
& \left.\left.\left. + \ln\frac{(l-a)\sqrt{l^2 - (d+s)^2} + (d+s)\sqrt{2la - a^2}}{l\sqrt{(l-a)^2 - (d+s)^2}} \right)(l - a - s - d) \right] \right\}
\end{aligned}
\tag{5-9}
$$

就准确性来说，K 判据针对微小裂纹受力，而 COD 判据针对裂缝尖端。就水力压裂过程而言肯定是不满足微小裂纹假设的，但是裂缝尖端的奇异性却可以保证，因此采用 COD 判据应该更加准确。

5.2　层间滑移对缝高延伸的影响分析

首先分析了层间滑移长度和层间滑移倾角对缝高扩展的影响，隔层应力差为 7MPa 时，如图 5-3 所示；隔层应力差为 8MPa 时，如图 5-4 所示；隔层应力差为 9MPa 时，如图 5-5 所示。

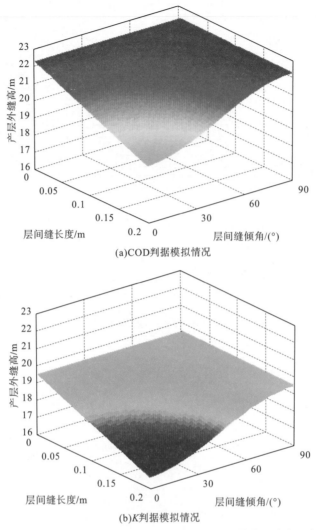

(a)COD判据模拟情况

(b)K判据模拟情况

图 5-3　隔层应力差为 7MPa 时的层外高度(相同的数值对应相同颜色)

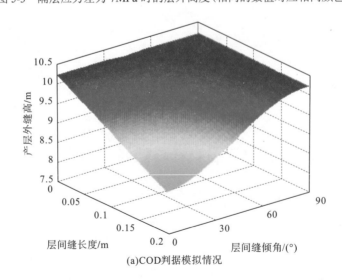

(a)COD判据模拟情况

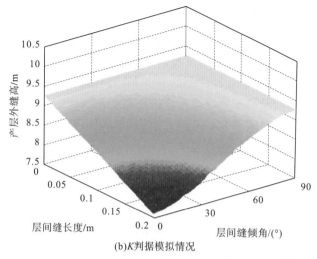

(b)K判据模拟情况

图 5-4　隔层应力差为 8MPa 时的层外高度(相同的数值对应相同颜色)

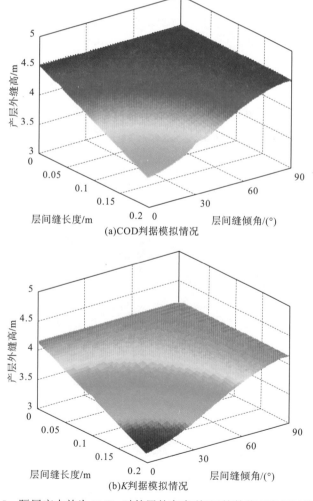

(a)COD判据模拟情况

(b)K判据模拟情况

图 5-5　隔层应力差为 9MPa 时的层外高度(相同的数值对应相同颜色)

图 5-3～图 5-5 中的产层外缝高是指裂缝超出产层的部分，即 $s(\cos\theta-1)+l-d$。根据模拟结果可以得出在层间滑移影响下的缝高扩展规律如下。

(1) 隔层应力差对缝高的影响是非常显著的，当隔层应力差为 9MPa 时，产层外的缝高不超过 4.5m；当隔层应力差为 7MPa 时，产层外的缝高至少在 16m 以上。

(2) 基于 COD 判据的缝高扩展模型计算值比基于 K 判据的缝高扩展模型计算值更大，并随着隔层应力差的减小而增大，具有更保守的判断。但 COD 缝高扩展模型仅计算缝宽，不需要进行基于裂缝受力情况的应力强度因子的计算，因此形式更加简洁。

(3) 层间滑移的长度增加，裂缝高度明显下降，当长度为零时，即为没有层间滑移时的缝高；层间滑移的倾角增加，裂缝高度呈半周期的余弦函数形式增大，当角度为 90° 时即为没有层间滑移影响下的裂缝高度。

(4) 在隔层应力差不足的情况下，层间滑移对缝高扩展的抑制作用更强。例如当隔层应力差为 9MPa 时，层间滑移的存在仅能将缝高减小 1m 左右；当隔层应力差为 7MPa 时，层间滑移的存在可以将缝高减小 5m 左右。

(5) 净压力分析。固定裂缝高度，改变层间滑移在垂向上的位置，研究静压力的变化，可以得知层间滑移在垂向上相对位置对缝高扩展的影响。根据这个思路绘制了图 5-6、图 5-7。

图 5-6 中的 z 轴是临界延伸状态的净压力，在裂缝形态固定时，临界净压力越大，说明裂缝抵抗延伸的能力越强，缝高也就越易保持。由图 5-6 和图 5-7 可以得出如下结论。

(a) 相比于 K 判据和 COD 判据模拟缝高的差异，两模型的净压力差异小了很多，这是由于净压力的微小变化对裂缝高度有显著影响。

(b) 随着垂向应力的增加，层间滑移对缝高的控制作用呈线性上升；但是随着层间滑移所处位置向裂缝中心移动，垂向应力的影响明显减弱；当隔层应力差不足时，垂向应力的影响尤为显著。

(c) 层间滑移位置距中心距离对净压力的影响具有两面性。当隔层应力差较大时，缝高主要受隔层应力差控制，层间滑移相对位置向尖端移动，导致裂缝穿入隔层的部分减小，因此裂缝不易受控；当隔层应力差较小时，裂缝高度主要受层间滑移相对位置控制，层间滑移越接近尖端，裂缝越容易受到控制。

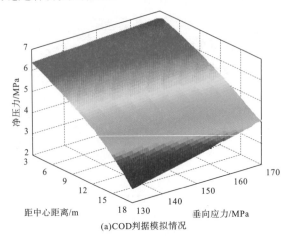

(a)COD判据模拟情况

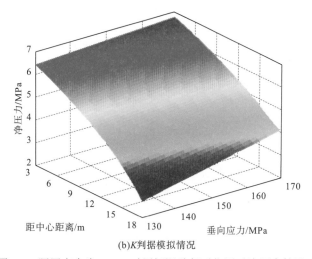

(b)K判据模拟情况

图 5-6　隔层应力为 8MPa 时层间滑移相对位置对净压力的影响

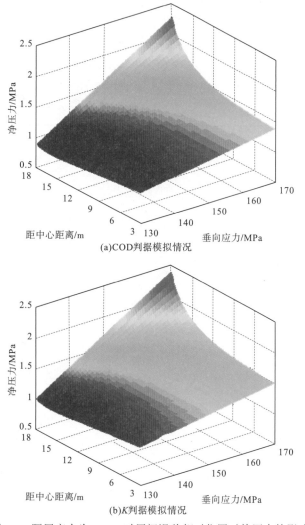

(a)COD判据模拟情况

(b)K判据模拟情况

图 5-7　隔层应力为 1MPa 时层间滑移相对位置对静压力的影响

(6)排量分析。

根据 Talbot 和 Hemke 等人拟合的非牛顿流体的净压力公式(5-10)，可以得到在一定几何尺寸下净压力和排量的关系。

$$P_{\mathrm{n}} = \left[\frac{E^{2n+2} k Q^n L}{\left(1-\upsilon^2\right)^{2n+2} H^{3n+3}} \right]^{\frac{1}{2n+3}} \tag{5-10}$$

将式(5-10)和缝高方程进行耦合后，可以得到考虑排量和液体流变性的缝高控制方程，计算出排量和缝高的关系，如图 9-8 所示。

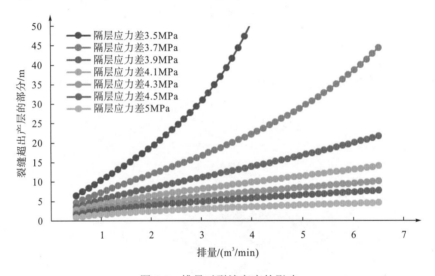

图 5-8　排量对裂缝高度的影响

由图 5-8 可知，排量对缝高的影响随着隔层应力差的增大而减小。当隔层应力差为 3.5MPa 时，缝口排量超过 4m³/min，缝高会超出产层 50 余米，完全失去控制，但当隔层应力差为 3.9MPa、缝口排量同样为 4m³/min 时，缝高仅超出产层 12m 作用。

当隔层应力差小于 3.5MPa 时，建议缝口排量不要超过 1m³/min，即井口排量应该低于 2m³/min；当隔层应力差为 3.5～4MPa 时，建议将井口排量控制在 5m³/min 以下；当隔层应力差大于 4MPa 时，可以不限排量施工。如果想要在低应力隔层条件下进行高排量施工方案，应该考虑采用一定的控缝高措施。

第 6 章　酸蚀裂缝导流能力分布模拟

酸蚀裂缝的有效长度和导流能力是决定酸压改造效果的关键因素。目前，国内外对于酸蚀裂缝导流能力的研究主要集中在室内实验和导流能力的表征上，其中付永强和李年银等[101-103]分别研究了不同施工条件和不同油藏条件对酸蚀裂缝导流能力的影响，Nierode 和 Deng 等[104, 105]建立了多种酸蚀缝宽和酸蚀导流能力的经验关联式。然而，关于酸蚀裂缝导流能力沿缝长方向分布的研究较少，早期建立的固定网格导流能力模型[106]不能模拟排量变化、段塞长度不稳定的情况，而在基于复杂流场的酸蚀裂缝导流能力模型中[107, 108]考虑缝洞的影响又比较困难。因此，本章在经典模型的基础上，直接以实验室实测数据为输入参数，建立了基于动网格的酸蚀裂缝导流能力模型；分析了缝洞型油藏基质致密、天然裂缝集中滤失和酸压裂缝延伸遇洞即需停泵等特征对酸蚀裂缝导流能力分布的影响。

6.1　酸蚀导流能力分布模式

对于常规油藏的酸压来说，一般都比较重视人工裂缝缝口处的导流能力（图 6-1 中的 A 点），因为常规油藏的整条酸压裂缝均有流体进入，缝口处的流量最大。如果缝口处的导流能力过低会直接限制酸压井的产能，所以常规油藏一般都会尽量提高缝口处的导流能力。

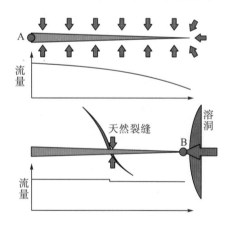

图 6-1　常规油藏和缝洞型油藏导流能力瓶颈位置的示意图

缝洞型油藏酸压井的实际情况则大相径庭，缝洞型油藏的基质致密，供油能力基本可以忽略不计，单井的产能主要由溶洞通过裂缝系统供给，所以酸压裂缝中的总流量变化不大。但是，由于缝口处的酸液浓度高、反应速度快、沿缝长方向的浓度梯度大，因此导流能力沿缝长方向的衰减相当快。控制产能的瓶颈位置是图 6-1 中的 B 点，缝洞型油藏的酸压技术目标应该是尽量提高裂缝远端的导流能力。

6.2　酸岩反应速度的处理

目前，大多数酸压模型中酸岩反应速度都采用酸岩反应动力学方程来进行计算。酸岩反应动力学方程是由化学动力学原理推导出来的，应用在不同的非纯净物质时，需要通过实验室的实测数据对反应系数和级数进行拟合，以确定不同岩石和酸液之间的酸岩反应速度。从本质上来看，由实验室实测数据到拟合解析式的过程就是一个离散数据数学处理的过程。该过程的处理除了可以应用拟合外，还可以采用插值的方法。

拟合和插值这两种方法各有特点。拟合一般在数据点多且精度不高的时候应用，而插值一般在数据点少但是精度相对较高时使用。这是因为拟合的曲线一般不会经过实测点，而插值曲线是将实测数据点串联起来的曲线。如果实验数据点多，并且都或多或少的带有一些随机的正、负误差，则不经过实测数据点的拟合曲线拥有更高的精度（一定程度上抵消了部分误差）；当实验数据少，但是精度很高的时候，插值曲线在实测点附近可以取到精度极高的计算值，故插值曲线更能够反映实际过程。数据点少且精度低的情况无论如何都不是准确的，因此不予讨论。数据点多且精度也很高时，同样建议使用插值方法。

酸岩反应实验采用滴定的方法确定岩石的消耗量，测试点的精度很高，站在数据处理的角度上来看，应该选用插值方法处理酸岩反应的实测数据。通过表 6-1 的实测数据，采用分段 Hermite 插值，既避免了高阶插值会出现的龙格现象，又可以保证各段曲线的连接结点充分光滑。通过 MATLAB 编程计算出随温度和酸液浓度变化的酸岩反应速度剖面如图 6-2 所示。

表 6-1　高温胶凝酸酸岩反应实验结果

实验条件	盐酸浓度/ (mol/L)	反应时间/ /s	浓度差/ (mol/L)	反应速度/ [mol/($cm^2 \cdot s$)]	平均反应速度/ [mol/($cm^2 \cdot s$)]
	6.88	300	0.019	6.64×10^{-6}	
140℃、500r/min、8MPa	4.36	300	0.016	5.42×10^{-6}	5.44×10^{-6}
	3.56	300	0.013	4.27×10^{-6}	
	6.88	300	0.014	4.54×10^{-6}	
100℃、500r/min、8MPa	4.36	300	0.010	3.28×10^{-6}	3.64×10^{-6}
	3.56	300	0.009	3.09×10^{-6}	
	4.36	320	0.009	2.88×10^{-6}	
70℃、500r/min、8MPa	3.52	300	0.007	2.37×10^{-6}	2.43×10^{-6}
	2.46	300	0.006	2.04×10^{-6}	

任意温度和酸液浓度下的酸岩反应速度都可以在图 6-2 上找到与之对应的值。在后续的模型计算中会直接用到该插值曲面上的计算值，将该曲面上对应浓度 C 和 T 的点用变量 Velocity(C, T) 表示。

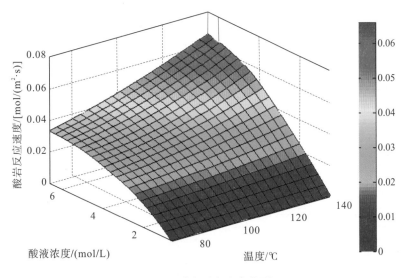

图 6-2　酸岩反应速度曲面

6.3　酸蚀裂缝导流能力分布模型

酸蚀裂缝的有效长度和导流能力是决定酸压改造效果的关键因素。在酸蚀导流能力的实验测试、数据拟合和数学模拟等方面，国内外的学者已经做了大量工作。但是目前还没有针对缝洞型油藏基质致密、天然裂缝集中滤失和酸压裂缝延伸遇洞即需停泵等特征的酸蚀导流能力模拟和理论分析。因此，为了模拟缝洞型油藏酸压人工裂缝的导流能力，建立了动网格的酸蚀模型。该模型的重点是导流能力沿缝长方向的分布和随着注液时间增加的变化，所以适当地简化了裂缝的延伸过程。推导该模型的假设条件如下。

(1)裂缝是二维延伸的，酸液做一维流动。

(2)滤失仅发生在酸压裂缝与天然裂缝的交线上，忽略基质滤失。

(3)酸岩反应形成的坑蚀、沟槽和蚓孔由该段液体填满，并且这一部分液体不再随其他液体继续推进。

(4)传统的固定网格模型是后一段塞严格取代前一段塞的过程，不能满足缝宽随排量变化的假设，需要固定时间步长，以每一时间段内的液量为研究对象，建立动网格数值模型。

(5)在浓度和温度确定时，酸岩反应速度随排量的变化不大[109-111]。

(6)为了计算后面的遇洞情况，需要以矩阵来储存数据，记录时间节点时刻，每一段液体的体积、浓度、所处位置裂缝宽度等信息。

动网格模型是指在每一段时间步长内都通过质量守恒来追踪前期注入段塞之间的界面，确定每一段液体的体积、浓度变化情况。在后续的推导中脚标的第一位 i 为时间的变化，取值从 1 到 n(n 为该时刻已经经历的时间段数)，脚标的第二位 j 为空间的变化，取值从 1 到 i，并且数字越小表示离井筒越近。

该模型的输入参数如下：

Q——施工排量向量，每一段时间对应一个排量，若各段时间的排量不相等，就可以模拟变排量的施工，m^3/min；

Δt——时间步长，s；

H——缝高，m；

C_m——酸液的质量分数，每一段时间对应一个质量分数，若各段时间的质量分数不相等，就可以模拟变浓度的施工，%；

T——储层温度，℃；

E——杨氏模量，MPa；

μ——酸液黏度，$mPa\cdot s$；

υ——泊松比，1；

ρ——地下岩石的密度，g/cm^3；

γ——碳酸盐岩所占的质量分数，%；

S_{RE}——岩石的嵌入强度，MPa；

σ——闭合应力，MPa；

frac——裂缝所处位置的向量，从离井筒最近的裂缝开始，依次记录天然裂缝位置，无量纲；

leak_off——与 $frac$ 向量对应处产生裂缝滤失最终滤失掉的液体百分比；

last_time——酸压裂缝遇洞后，响应和决策消耗的时间，s；

shut_in_time——关井持续的时间，s。

每段液体的初始浓度和初始体积是由输入参数给定的，因此各中间矩阵的第一列不能参加迭代，需要直接给定初值，其中各段液体体积矩阵的第一列可以由式(6-1)给出：

$$\begin{cases} q_i = Q_i / 120 \\ V_{i,1} = q_i \Delta t \end{cases} \tag{6-1}$$

各段液体浓度矩阵的第一列可以由式(6-2)给出：

$$C_{i,1} = C_{n\,i,1} = 365 C_{m\,i,1} \left(0.9975 + \frac{C_{m\,i,1}}{2} \right) \tag{6-2}$$

在计算开始时，选择一定的时间步长，按照施工时间由短到长，液体段塞由近到远进行计算。例如：

$t=\Delta t$ 时，有裂缝的平均宽度为

$$W_{1,1} = \frac{3}{4} \pi \left[\frac{q_1 \mu l_{1,1} \left(1 - \upsilon^2 \right)}{E} \right]^{\frac{1}{4}} \tag{6-3}$$

缝中液体的体积已经由式(6-1)给出，于是裂缝的长度为

$$L_{1,1} = \frac{V_{1,1}}{W_{1,1} H} \tag{6-4}$$

缝中液体的酸液浓度已经由式(6-2)给出，于是消耗的盐酸的物质的量为

$$n_{1,1} = 2\text{Velocity}(C_{1,1}, T) L_{1,1} H \Delta t \tag{6-5}$$

这一段液体在填充酸蚀空隙过后剩余的液体体积为

$$V_{2,2} = V_{1,1} - \frac{M_{\text{Rock}} n_{1,1}}{R \gamma \rho 10^6} \tag{6-6}$$

$t=2\Delta t$ 时，各段裂缝的宽度为

$$\begin{cases} W_{2,1} = 3 \left[\dfrac{q_2 \mu \left(l_{2,1} + l_{2,2} \right) \left(1 - \upsilon^2 \right)}{E} \right]^{\frac{1}{4}} \\[4mm] W_{2,2} = 3 \left[\dfrac{q_2 \mu l_{2,2} \left(1 - \upsilon^2 \right)}{E} \right]^{\frac{1}{4}} \end{cases} \tag{6-7}$$

$V_{2,1}$ 由式(6-1)给定，于是有各段液体的长度为

$$\begin{cases} L_{2,1} = \dfrac{V_{2,1}}{W_{2,1} H} \\[4mm] L_{2,2} = \dfrac{V_{2,2}}{W_{2,2} H} \end{cases} \tag{6-8}$$

$C_{2,1}$ 由式(6-2)给定，第二段的浓度为

$$C_{2,2} = \frac{1000 V_{1,1} C_{1,1} - n_{1,1}}{1000 V_{2,2}} \tag{6-9}$$

两段裂缝消耗的酸液物质的量为

$$\begin{cases} n_{2,1} = 2\text{Velocity}(C_{2,1}, T) L_{2,1} H \Delta t \\ n_{2,2} = 2\text{Velocity}(C_{2,2}, T) L_{2,2} H \Delta t \end{cases} \tag{6-10}$$

两段酸液在反应过后的体积变化为

$$\begin{cases} V_{3,2} = V_{2,1} - \dfrac{M_{\text{Rock}} n_{2,1}}{R \gamma \rho 10^6} \\[4mm] V_{3,3} = V_{2,2} - \dfrac{M_{\text{Rock}} n_{2,2}}{R \gamma \rho 10^6} \end{cases} \tag{6-11}$$

根据上述过程可以得出 $t=i\Delta t$ 时各液体段塞的体积、浓度等信息。首先需要解出每一段液体在裂缝中的推进过程和酸液浓度的变化。

i 时刻的裂缝总长

$$l_i = l_{i,1} + l_{i,2} + l_{i,3} \ldots + l_{i,i} \tag{6-12}$$

每一段液体在裂缝中的长度

$$l_{i,j} = \frac{V_{i,j}}{W_{i,j} H} \tag{6-13}$$

各段液体所在位置的缝宽为

$$\begin{cases} W_{i,1} = 3\left[\dfrac{\mu q_i l_i \left(1-\upsilon^2\right)}{E}\right]^{1/4} \\[3mm] W_{i,2} = 3\left[\dfrac{\mu q_i \left(l_i - l_{i,1}\right)\left(1-\upsilon^2\right)}{E}\right]^{1/4} \\[2mm] \cdots \\[2mm] W_{i,i} = 3\left[\dfrac{\mu q_i \left(l_i - l_{i,1}\cdots - l_{i,i-1}\right)\left(1-\upsilon^2\right)}{E}\right]^{1/4} \end{cases} \quad (6\text{-}14)$$

根据式(6-12)~式(6-14)可以解出缝宽的表达式和各段液体在裂缝中的长度,为了减少缝宽的迭代时间,也可以使用平均缝宽来代替式(6-15):

$$W_i = \frac{3\pi}{4}\left[\frac{\mu q_i l_i \left(1-\upsilon^2\right)}{E}\right]^{1/4} \quad (6\text{-}15)$$

各段液体的酸浓度为

$$C_{i,j} = \frac{1000 C_{i-1,j-1} V_{i-1,j-1} - n_{i-1,j-1}}{1000 V_{i,j}} \quad (6\text{-}16)$$

各段裂缝消耗的酸量为

$$n_{i,j} = 2\text{Velocity}\left(C_{i,j}, T\right) l_{i,j} H \Delta t \quad (6\text{-}17)$$

各段液体在充填蚓孔等酸蚀空隙之后,残留下来的部分为

$$V_{i+1,j+1} = V_{i,j} - \frac{n_{i,j} M_{\text{rock}}}{10^6 \rho \gamma R} \quad (6\text{-}18)$$

按时间步长逐步迭代计算后,可以得到液体在裂缝中的推进矩阵 $\boldsymbol{L}$ 和相应段塞内消耗掉酸液的物质的量矩阵 $\boldsymbol{N}$。显然,$\boldsymbol{L}$ 和 $\boldsymbol{N}$ 是关于 $l_{i,j}$ 和 $n_{i,j}$ 的下三角矩阵,通过式(6-19)的计算可以得到各段裂缝在不同时刻的腐蚀缝宽矩阵 $\boldsymbol{FW}$:

$$\boldsymbol{FW}(i,j) = \frac{M_{\text{Rock}} N(i,j)}{10^6 \gamma \rho R H L(i,j)} \quad (6\text{-}19)$$

由于网格的位置和长度都在不断变化,所以在计算某一位置的腐蚀缝宽时,需要判断它在各个时间段内到底位于哪一段的网格之内,然后将每一段的腐蚀缝宽相加才能得到总的腐蚀缝宽。在得到了总腐蚀缝宽向量后,可以通过 N-K 方程,计算酸蚀裂缝的导流能力:

$$\begin{cases} WK_f = C_1 e^{-142 C_2 \sigma/1000} \\ C_1 = 3.902931 \times 10^7 \boldsymbol{FW}^{2.47} \\ C_2 = 13.457 - 1.3\ln S_{\text{RE}} \quad S_{\text{RE}} < 140\text{MPa} \\ C_2 = 2.41 - 0.28\ln S_{\text{RE}} \quad 140 < S_{\text{RE}} < 3520\text{MPa} \end{cases} \quad (6\text{-}20)$$

通过 MATLAB 软件可对模型进行编程计算,由于模型中的时间步长是不确定的,所以首先需要确定一个合理的时间步长。为了保证运算结构是显式的,在式(6-17)计算酸岩

反应速度时，选择了该时间段的初值；在式(6-14)计算裂缝宽度时，选择了该段近井截面的缝宽作为平均缝宽。这两种假设只有在时间步长足够小时才能成立，因此必须进行误差分析(表 6-2)。

表 6-2　误差分析的参数取值

Q	Frac	C_m	leak_off					last_time	shut_in_time
5	0	20	0					0	0
Δt	H	T	E	μ	υ	ρ	γ	S_{RE}	σ
见图 6-3	40	100	40000	36	0.28	2.7	90	800	60

注：所有输入参数表的数据单位以本节输入参数部分单位为准。

图 6-3 的误差分析结果显示，当时间步长取在 20s 以上时，曲线呈锯齿状并且存在剧烈的波动；当时间步长从 20s 降低为 10s 时，两条曲线的误差降到了 5%以内，可以认为时间步长取为 10s 是可以满足精度的。在后面的各种分析中，均以 10s 作为时间步长。

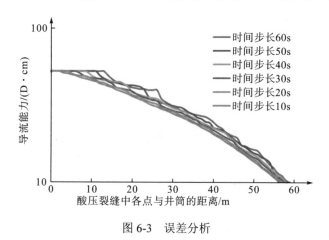

图 6-3　误差分析

6.4　常规影响因素分析

1. 储层温度的影响

在表 6-3 的数据基础上计算了温度对导流能力沿缝长方向分布的影响。

表 6-3　温度分析的参数取值

Q	Frac	C_m	leak_off					last_time	shut_in_time
5	0	20	0					0	0
Δt	H	T	E	μ	υ	ρ	γ	S_{RE}	σ
10	60	见图 6-4	40000	40	0.29	2.7	90	600	60

如图 6-4 所示，随着温度的升高，裂缝远端的导流能力大幅度下降，酸液的刻蚀都发生在了缝口处，因此高温对于缝洞型储层的开发是不利的，可以采用前置液酸压的方式降低储层的温度，再注酸液。

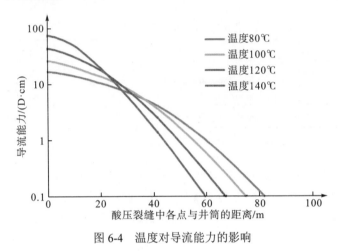

图 6-4   温度对导流能力的影响

2. 裂缝高度的影响

在表 6-4 的数据基础上计算了裂缝高度对导流能力沿缝长方向分布的影响，模拟结果如图 6-5 所示。

表 6-4   缝高分析的参数取值

Q	Frac	C_m	leak_off					last_time	shut_in_time
5	0	20	0					0	0
Δt	H	T	E	μ	υ	ρ	Γ	S_{RE}	σ
10	见图 6-5	100	40000	40	0.29	2.7	90	600	60

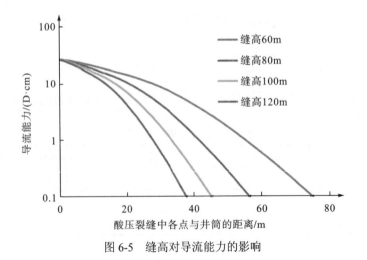

图 6-5   缝高对导流能力的影响

模拟的结果显示，随着缝高的增加，裂缝的穿透深度和裂缝远端的导流能力均会大幅度下降。但是与温度变化对导流能力的影响不同，缝高增加对裂缝远端的导流能力影响得更为明显，因此对于缝高容易失控的储层，需要采用有效的控缝高技术来遏制缝高的扩展，增加穿透深度。

3. 嵌入强度与闭合应力的影响

在表 6-5 的数据基础上计算了嵌入强度与闭合应力对导流能力沿缝长方向分布的影响如下。

表 6-5　嵌入强度与闭合应力参数取值

Q	Frac	C_m	leak_off					last_time	shut_in_time
5	0	20	0					0	0
Δt	H	T	E	μ	υ	ρ	γ	S_{RE}	σ
10	60	100	40000	40	0.29	2.7	90	见图 6-6	见图 6-6

图 6-6 显示闭合应力增加或者岩石的嵌入强度过低都会导致酸压裂缝导流能力的大幅度下降。对于嵌入强度过低或者闭合应力很大的储层都不能考虑降低酸液的浓度。

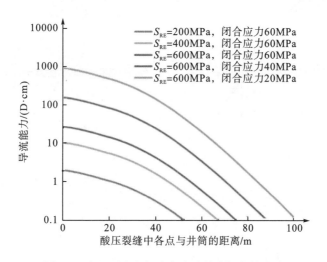

图 6-6　嵌入强度与闭合应力对导流能力的影响

4. 天然裂缝的影响

天然裂缝对酸蚀导流能力的影响主要体现在裂缝的集中滤失上。在前文模型的基础上对每一段液体残存的体积进行裂缝滤失的修正就可以得到存在裂缝滤失时的导流能力。根据表 6-6 的数据对有天然裂缝的情况进行模拟如下。

表 6-6　天然裂缝分布位置参数取值

Q	Frac	C_m	leak_off					last_time	shut_in_time
5	见图 6-7	20	见图 6-7					0	0
Δt	H	T	E	μ	υ	ρ	γ	S_{RE}	Σ
10	60	100	40000	40	0.29	2.7	90	600	60

图 6-7 中，深蓝色的曲线为不存在裂缝时的导流能力，而其他曲线分别为 55m、40m、25m 处出现天然裂缝，以及在近井的前 100m 平均分布微裂缝的情况。从对曲线的分析可以看出，裂缝出现在距离井筒越近的位置，裂缝远端的导流能力越低。均布微裂缝也会降低裂缝远端的导流能力，但是对近井端的影响较小。从导流能力降低的幅度可以看出，天然裂缝对酸压裂缝远端导流能力降低的效果很明显，酸压裂缝有效长度的不足很大程度上是由天然裂缝和酸蚀蚓孔等因素造成的。

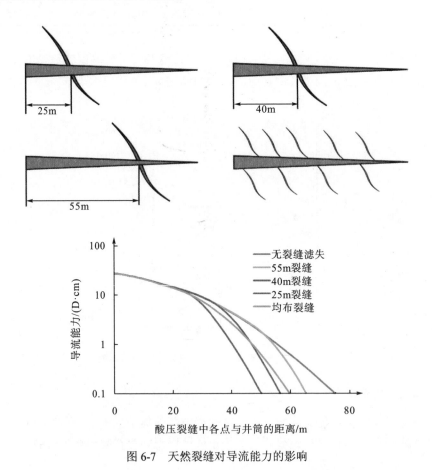

图 6-7　天然裂缝对导流能力的影响

6.5　变排量和变浓度分析

近期的一些酸蚀裂缝导流能力模型虽然充分考虑了裂缝延伸和传质过程的复杂性，但是对于变排量和变浓度的实际过程却不能真实地模拟。这里新建立的模型可以模拟施工过程中酸液浓度和排量不断变化时，导流能力延缝长方向上的分布，在本节中主要模拟变排量和变浓度问题。

1）变排量模拟

根据表 6-7 的数据模拟了排量变化对酸蚀裂缝导流能力延缝长方向分布的影响如下。

表 6-7　变排量模拟的参数取值

Q	Frac	C_m	leak_off					last_time	shut_in_time
见图 6-8	0	20	0					0	0
Δt	H	T	E	μ	υ	ρ	γ	S_{RE}	σ
10	40	100	40000	36	0.28	2.7	90	800	60

图 6-8 的五组模拟均使用了 120m³ 浓度为 20% 的胶凝酸，并且升排量组和降排量组的平均排量均为 3m³/min。从恒定 3m³/min、4m³/min、5m³/min 的三条曲线可以看出，高排量对于提高裂缝远端的导流能力是有益的，有效的酸蚀缝长从 72m 提高到了 100m。但是其酸液的利用效率（消耗盐酸的百分比）却有所下降，依次为 85.01%、82.21% 和 79.29%。比较使用升排量、降排量和恒定排量进行施工的导流能力分布，发现升排量和降排量都可以在一定程度上提高裂缝远端的导流能力，但是升排量的酸液利用效率很低，约为 79.39%，而降排量的酸液利用效率高达 88.86%。目前的酸压施工习惯在停泵之后关井反应半个小时。但是模拟的结果显示，停泵时的酸液利用效率已经很高了（考虑到残酸不能反应，20% 胶凝酸的极限利用效率仅为 90.81%），关井反应只会降低返排能量。建议裂缝型油藏（没有遇到溶洞）在施工之后尽快返排。

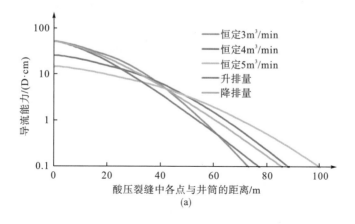

(a)

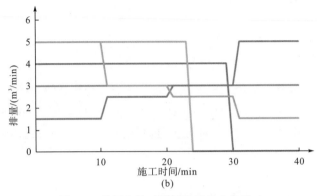

图 6-8　排量变化对裂缝导流能力的影响

2) 变浓度模拟

根据表 6-8 的数据模拟了浓度变化对酸蚀裂缝导流能力延缝长方向分布的影响如下。

表 6-8　变浓度模拟的参数取值

Q	Frac	C_m	leak_off					last_time	shut_in_time
5	0	见图 6-9	0					0	0
Δt	H	T	E	μ	υ	ρ	γ	S_{RE}	σ
10	40	100	40000	36	0.28	2.7	90	800	60

图 6-9 的变浓度分析结果显示，采用高浓度段塞加低浓度段塞组合的方法可以有效地调整酸蚀导流能力沿缝长方向的分布。采用 "100m³ 浓度为 20% 的酸液+100m³ 浓度为 12% 的酸液" 进行施工，在缝口的导流能力仅比完全使用浓度为 12% 的酸液提高了 50%，但在裂缝远端的导流能力却增加了 5~6 倍。"150m³ 浓度为 20% 的酸液+50m³ 非反应性液体" 施工形成的酸蚀导流能力具有最高效的分布模式，在缝口处的导流能力与完全使用 12% 的酸液一致，但在裂缝远端的导流能力却与完全使用 20% 的酸液相等。"20% 浓度的酸液+非反应性液体" 的方案耗酸量少、酸压裂缝远端导流能力高，采用这种注液模式既可以保证酸压效果，又能降低施工成本和返排液的处理难度。

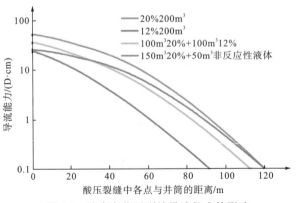

图 6-9　浓度变化对裂缝导流能力的影响

6.6　遇洞停泵导流能力分析

前文的模拟分析是在没有溶洞的情况下进行的，如果储层中存在溶洞，就需要考虑在酸压裂缝遇洞之后的处理方式。目前一般在酸压裂缝遇洞之后都采用直接停泵关井的方案，避免过量的酸液继续注入溶洞形成浪费。前文推导的模型可以多加入一部分简单的后续处理程序，从而计算出溶洞体距离井筒不同位置时的瓶颈位置导流能力。

1. 溶洞型储层

对于溶洞型储层来说，必须以溶洞作为被沟通缝洞系统的终点。首先以前文的模型作为基础，在遇到溶洞后考虑一定的决策与弛豫时间，然后停止裂缝的推进，让裂缝中已有的液体在原地继续反应。由此可以计算出在溶洞体距离井筒不同位置时的瓶颈位置导流能力。以表 6-9 的基本参数来模拟瓶颈位置的导流能力。

表 6-9　溶洞型储层停泵分析参数取值

Q	Frac	C_m	leak_off					last_time	shut_in_time
5	0	20	0					见图 6-10	见图 6-10
Δt	H	T	E	μ	υ	ρ	γ	S_{RE}	σ
10	40	100	40000	36	0.28	2.7	90	800	60

图 6-10 的横坐标是溶洞体与井筒的距离，纵坐标是溶洞体与井筒相隔不同距离时瓶颈位置的导流能力。由图 6-10 可以看出，在酸压裂缝沟通溶洞后采用立即停泵返排的方案，只能有效连通距离井筒 45m 以内的溶洞。若采用关井再返排的方案，则可以波及距井筒 63m 远的溶洞。如果溶洞体与井筒的距离进一步增加，就需要采用继续排液的方法，将前面低浓度的段塞挤入溶洞中，让后续的高浓度液体继续与瓶颈位置的岩石反应，形成更高的导流能力。因此在缝洞型油藏的酸压施工中，可以按照溶洞体与井筒的距离远近，依次采用续注关井返排、停泵关井返排和停泵立即返排三种不同方案。

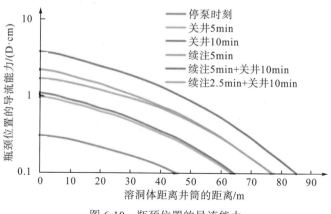

图 6-10　瓶颈位置的导流能力

从图 6-10 关井 5min 和关井 10min 的曲线可以看出，因为裂缝的面容比很大，酸压裂缝遇洞停泵后的关井时间不宜过长，关井 10min 一般就可以将酸液浓度降低到残酸浓度，长时间的关井对于液体返排并无益处。对此续注 2.5min 再关井 10min 的曲线与续注 5min 的曲线发现，关井对于近井溶洞的瓶颈位置导流能力提升更有意义，并且续注对导流能力的提升远大于关井。

2. 裂缝型储层

由于裂缝型储层中并不存在溶洞，因此不需要进行遇洞情况的分析，仅考虑在模拟过程加入裂缝即可。其实际情况与前面裂缝模拟的过程相似。在此不再赘述。

3. 裂缝-溶洞型储层

在表 6-10 的地层参数和施工参数上，分别在距井筒 15m、55m 处加入大型裂缝或全段加入微裂缝，模拟裂缝溶洞型储层的瓶颈位置导流能力，其缝洞串通模式如图 6-11 所示。

表 6-10   裂缝-溶洞型储层停泵分析参数取值

Q	Frac	C_m	leak_off					last_time	shut_in_time
5	15,55，1、2…40	20	0.5					0,30	0,60
Δt	H	T	E	μ	υ	ρ	γ	S_{RE}	σ
10	40	100	40000	36	0.28	2.7	90	800	60

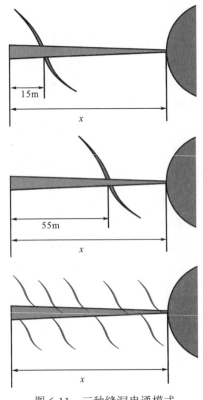

图 6-11   三种缝洞串通模式

对比图 6-10 和图 6-12 可以得到以下几点认识。

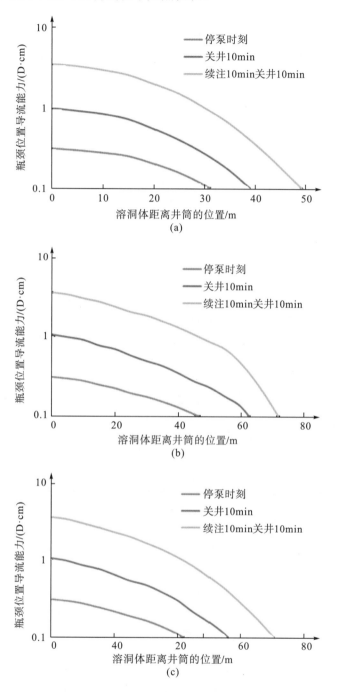

图 6-12　三种缝洞串通模式下的导流能力分布

（1）这四种串通模式（图 6-10 为没有天然裂缝）瓶颈位置导流能力的大小关系为：没有天然裂缝>裂缝距井筒 55m>均布微裂缝>裂缝距井筒 15m。图 6-10 显示的溶洞型储层遇洞停泵模式有最大的波及范围，可以沟通约 85m 以内的溶洞；而图 6-11 所示的三种缝洞串通模式的波及范围均低于 70m。说明在裂缝溶洞型储层中，天然裂缝是影响酸压波及范围的主要因素，如果在距离井筒很近的位置存在天然裂缝，基本上不可能沟通较远的溶洞。

(2)裂缝距井筒 55m 的立即停泵返排区和没有天然裂缝的立即停泵返排区宽度一致。因为在这一段，两种串通模式的酸蚀裂缝都没有遇到裂缝或者溶洞，是在均质的基质中延伸的，所以两种串通模式的立即停泵返排措施波及范围是完全相同的。

(3)从裂缝距井筒 15m 和裂缝距井筒 55m 的两张曲线图可以看出，在酸压裂缝穿过天然裂缝之后，瓶颈位置的导流能力会加速下降。特别是在需要关井反应或者续注提高波及范围时，天然裂缝的存在会大大降低这些措施的效果。这种现象是在酸压裂缝穿过裂缝后形成了极大的滤失，使其后半段的推进速度减慢导致的。

(4)均布裂缝的情况比裂缝距井筒 15m 和 55m 时得到的曲线更加光滑，这是由于这些微裂缝的滤失量很小，对导流能力的影响不能显著地表现出来。仅从滤失量和导流能力的关系来看，均布微裂缝对酸压波及范围的影响是最大的。

6.7　综 合 分 析

6.6 节对裂缝型、溶洞型和裂缝溶洞型储层的分析仅仅是在定排量和定浓度的情况之下。本节中以图 6-13 的缝洞串通模式为基础，分析了不同工艺措施之下，酸压裂缝的导流能力沿缝长方向的分布，以及溶洞体距离井筒在不同位置时的瓶颈位置导流能力。

表 6-11　缝洞串通综合分析的参数取值

Q	Frac	C_m	leak_off					last_time	shut_in_time
5	22、25、28、60、80	见图 6-14	0.69					0,30	0,60
Δt	H	T	E	μ	υ	ρ	γ	S_{RE}	σ
10	40	100	40000	36	0.28	2.7	90	800	60

根据缝洞型油藏多种裂缝存在的基本事实，拟建立如图 6-13 的包含大型裂缝和微裂缝的物理模型。再取如表 6-11 的数据计算导流能力延缝长方向的分布(图 6-14)和瓶颈位置的导流能力(图 6-15)。

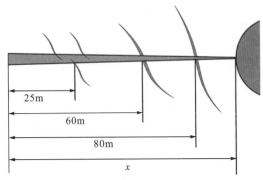

图 6-13　综合分析应用的缝洞串通模式

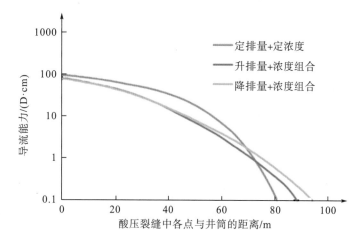

图 6-14　图示模型导流能力延缝长方向的分布

图 6-14 中定排量和定浓度是指排量恒定 5m³/min，浓度恒定 20%；升排量是指排量变化为前 10min 排量为 2.5m³/min，第二个 10min 排量为 3.5m³/min，第三个 10min 排量为 5m³/min，后面 20min 排量为 7m³/min；降排量反之；浓度组合是指前 50m³ 采用浓度为 20% 的酸液，后面 200m³ 采用浓度为 17% 的酸液。这三条曲线的总方量均为 250m³，施工时间同为 50min。

定排量和定浓度的曲线显示，在酸压裂缝延伸遇到较多的天然裂缝时，沿缝长方向的导流能力会快速下降，并且完全终止在距井筒 80m 的大型裂缝处。而采用降排量或者升排量的方案可以适当地增加有效酸蚀缝长，突破了距井筒 80m 的大型裂缝。通过上述三条曲线储存的中间数据，得到了缝洞体和井筒的距离与瓶颈位置导流能力的关系曲线，如图 6-15 所示。

综合分析各种施工方案和瓶颈位置导流能力的模拟结果，可以得出如下结论。

（1）排量大小对波及范围的影响很大，虽然定排量定浓度和降排量组合浓度与酸压裂缝尖端接触的酸液浓度都是一样的，但是由于降排量前期的排量更高，及时将新注入的高浓度段塞推向了裂缝远端，增加了裂缝远端的导流能力，因此降排量组合浓度方案得到的导流能力分布更加合理。

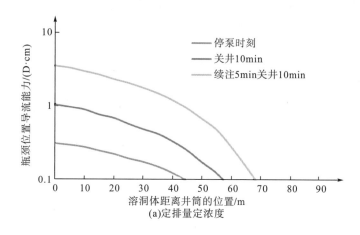

(a)定排量定浓度

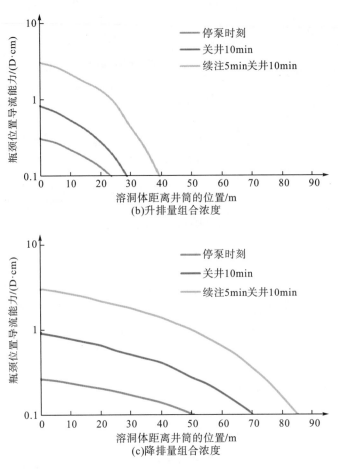

图 6-15   图示模型瓶颈位置导流能力

（2）升排量组合浓度和降排量组合浓度虽然在计算最终导流能力分布的时候相差无几，但是升排量组合浓度获得的溶洞体距离井筒不同位置时的瓶颈位置导流能力却低得多。这是由于前期注入的高浓度段塞在地层中停留了过长的时间，当排量增加将其推向裂缝远端的时候，这些液体的刻蚀能力已经变得相当差了。因此建议在酸液前端加入高浓度段塞时，应该采用高排量及时将这部分能够调整导流能力剖面的酸液推进到地层深部。如果溶洞体距离井筒的距离很远，应该将这部分的浓度提高到 20%以上，以保证建立良好的导流能力剖面。

（3）在施工时，应该根据地层中不同的缝洞串通模式计算合理的导流能力剖面确定施工方案，以满足生产需要。该模型并没有考虑基质滤失和油酸混合导致的反应速度下降等因素，因此得到的酸液用量比实际情况要小得多，需要进行修正，在应用过程中，可以将其作为酸液用量的下限。

参 考 文 献

[1] 王鸿勋. 水力压裂原理[M]. 北京: 石油工业出版社, 1987.

[2] Mukherjee H, Paoli B F, McDonald T, et al. Successful control of fracture height growth by placement of artificial barrier[J]. SPE Production & Facilities, 1995, 10(2): 89-95.

[3] Garcia D G, Prioletta A, Kruse G F. Effective control of vertical fracture growth by placement of an artificial barrier (Bottom Screen Out) in an exploratory well[C] // SPE Latin American and Caribbean Petroleum Engineering Conference. Society of Petroleum Engineers, 2001.

[4] Nguyen H X, Larson D B. Fracture height containment by creating an artificial barrier with a new additive[C]//SPE Annual Technical Conference and Exhibition. Society of Petroleum Engineers, 1983.

[5] Warpinski N R, Teufel L W. Influence of geologic discontinuities on hydraulic fracture propagation[J]. Journal of Petroleum Technology, 1987, 39(2): 209-220.

[6] Greener M R. Evaluation of height growth controlled fractures with placement of artificial barriers[C]//SPE Eastern Regional Meeting. Society of Petroleum Engineers, 1994.

[7] Mukherjee H, Paoli B F, McDonald T, et al. Successful control of fracture height growth by placement of artificial barrier[J]. SPE Production & Facilities, 1995, 10(2): 89-95.

[8] Barree R D, Mukherjee H. Design guidelines for artificial barrier placement and their impact on fracture geometry[C]//SPE Production Operations Symposium. Society of Petroleum Engineers, 1995.

[9] Talbot D M, Hemke K A, Leshchyshyn T H. Stimulation fracture height control above water or depleted zones[C]//SPE Rocky Mountain Regional/Low-Permeability Reservoirs Symposium and Exhibition. Society of Petroleum Engineers, 2000.

[10] Smith M B, Bale A B, Britt L K, et al. Layered modulus effects on fracture propagation proppant placement and fracture modeling[C]//SPE Annual Technical Conference and Exhibition. Society of Petroleum Engineers, 2001.

[11] Gu H, Siebrits E. Effect of formation modulus contrast on hydraulic fracture height containment[J]. SPE Production & Operations, 2008, 23(2): 170-176.

[12] Yudin A V, Butula K K, Novikov Y. A novel approach to fracturing height control enlarges the candidate pool in the ryabchyk formation of West Siberia's Mature Oil Fields[C]//SPE European Formation Damage Conference. Society of Petroleum Engineers, 2007.

[13] 徐同台, 熊友明, 康毅力. 保护油气层技术[M]. 北京: 石油工业出版社, 2010.

[14] Gu H, Siebrits E, Sabourov A. Hydraulic fracture modeling with bedding plane interfacial slip[C]//SPE Eastern Regional/AAPG Eastern Section Joint Meeting. Society of Petroleum Engineers, 2008.

[15] Daneshy A A. Factors controlling the vertical growth of hydraulic fractures[C]//SPE Hydraulic Fracturing Technology Conference. Society of Petroleum Engineers, 2009.

[16] Castillo L M, Jablonowski C J, Olson J E. Integrated analysis to optimize hydraulic fracturing treatment design in a clastic and carbonate formation in torunos hydrocarbon field barinas: apure basin southwest venezuela[C]//Trinidad and Tobago Energy Resources Conference. Society of Petroleum Engineers, 2010.

[17] Fisher K, Warpinski N. Hydraulic-fracture-height growth: Real Data[C]//SPE Annual Technical Conference and Exhibition. Society of Petroleum Engineers, 2011.

[18] Baig A, Urbancic T I. Structural controls on vertical growth of hydraulic fractures as revealed through seismic moment tensor inversion analysis[C]//SPE Annual Technical Conference and Exhibition. Society of Petroleum Engineers, 2012.

[19] Makmun A, Hilal A, Al-Dhamen M A. Production optimisation with hydraulic fracturing: application of fluid technology to control fracture height growth in deep hard rock formation[C]//International Petroleum Technology Conference. International Petroleum Technology Conference, 2013.

[20] 胡永全, 任书泉. 压裂裂缝拟三维延伸的数值模拟[J]. 西南石油学院学报, 1992, 14(2): 54-62.

[21] 胡永全, 任书泉. 水力压裂裂缝高度控制分析[J]. 大庆石油地质与开发, 1996, 15(2): 55-58.

[22] 胡永全. 分段非对称应力分布下压裂裂缝几何尺寸计算分析[J]. 西部探矿工程, 1999, 11(4): 68-70.

[23] 张平. 水力压裂三维优化设计方法研究及软件研制[D]. 成都: 西南石油大学, 1997: 19-35.

[24] 马新仿, 黄少云. 全三维水力压裂过程中裂缝及近缝地层的温度计算模型[J]. 石油大学学报: 自然科学版, 2001, 25(5): 38-41.

[25] 郭大立, 赵金洲, 曾晓慧, 等. 控制裂缝高度压裂工艺技术实验研究及现场应用[J]. 石油学报, 2002, 23(3): 91-94.

[26] 苟贵明, 胡仁权. 缝高控制与薄层压裂[J]. 油气井测试, 2004, 13(5): 48-51.

[27] 李年银, 赵立强, 刘平礼, 等. 裂缝高度延伸机理及控缝高酸压技术研究[J]. 特种油气藏, 2006, 13(2): 61-63.

[28] 程远方, 曲连忠, 赵益忠, 等. 考虑尖端塑性的垂直裂缝延伸计算[J]. 大庆石油地质与开发, 2008, 27(1): 102-105.

[29] 张猛, 范晓东, 田威, 等. 新型井下固化下沉式缝高控制剂的研制[J]. 中国胶粘剂, 2009, 18(12): 17-21.

[30] 刘晶. 海拉尔盆地控制裂缝高度压裂技术研究[D]. 大庆: 大庆石油学院, 2010: 50-51.

[31] 李沁, 伊向艺, 卢渊, 等. 高黏度酸液在人工裂缝中流态规律研究[J]. 石油与天然气化工, 2012, 41(5): 512-515.

[32] 周文高. 人工隔层控制压裂裂缝高度研究及软件研制[D]. 成都: 西南石油大学, 2007: 7-9.

[33] 陈锐. 控缝高水力压裂人工隔层厚度优化设计方法研究[D]. 成都: 西南石油大学, 2006: 4-6.

[34] 张士诚, 王鸿勋, 等. 水力压裂设计数值计算方法[M]. 北京: 石油工业出版社, 1998.

[35] 赵金洲, 任书泉. 混砂液在裂缝中的运移分布[J]. 天然气工业, 1989, 9(4): 32-37.

[36] 郭大立, 纪禄军, 赵金洲. 支撑剂在三维裂缝中的运移分布计算[J]. 河南石油, 2001, 15(2): 32-34.

[37] Nowak T J. The estimation of water injection profiles from temperature surveys[J]. Journal of Petroleum Technology, 1953, 5(8): 203-212.

[38] Van-Everdingen A F, Hurst W. The application of the Laplace transformation to flow problems in reservoirs[J]. Trans. , AIME, 1949, 186(305): 97-104.

[39] Ramey H J J. Wellbore heat transmission[J]. Journal of Petroleum Technology, 1962, 14(4): 427-435.

[40] Eickmeier J R, Ersoy D, Ramey H J. Wellbore temperatures and heat losses during production or injection operations[J]. Journal of Canadian Petroleum Technology, 1970, 9(2): 115-121.

[41] Wu Y S, Pruess K. An analytical solution for wellbore heat transmission in layered formations[J]. SPE Reservoir Engineering, 1990, 5(4): 531-538.

[42] Hasan A R, Kabir C S. Heat transfer during two-Phase flow in Wellbores: Part I--formation temperature[C]//SPE Annual Technical Conference and Exhibition. Society of Petroleum Engineers, 1991.

[43] Hasan A R, Kabir C S. Aspects of wellbore heat transfer during two-phase flow[J]. SPE Production & Facilities, 1994, 9(3): 211-216.

[44] Hasan A R, Kabir C S. Determination of static reservoir temperature from transient data following mud circulation[J]. SPE Drilling & Completion, 1994, 9(1): 17-24.

[45] Hasan A R, Kabir C S, Lin D. Analytic wellbore temperature model for transient gas-well testing[J]. SPE Reservoir Evaluation & Engineering, 2005, 8(3): 240-247.

[46] Fan L, Lee W J, Spivey J P. Semi-Analytical model for thermal effect on gas well pressure-buildup tests[J]. SPE Reservoir Evaluation & Engineering, 2000, 3(6): 480-491.

[47] Hagoort J. Ramey's wellbore heat transmission revisited[J]. SPE Journal, 2004, 9(4): 465-474.

[48] Bulent I, Shah K, Zhu D, et al. Transient fluid and heat flow modeling in coupled wellbore/reservoir systems[C]//SPE Annual Technical Conference and Exhibition. Society of Petroleum Engineers, 2006.

[49] McSpadden A R, Coker O D. Multiwell thermal interaction: predicting wellbore and formation temperatures for closely spaced wells[J]. SPE Drilling & Completion, 2010, 25(4): 448-457.

[50] Yoshida N, Zhu D, Hill A D. Temperature prediction model for a horizontal well with multiple fractures in a shale reservoir[C]//SPE Annual Technical Conference and Exhibition. Society of Petroleum Engineers, 2013.

[51] Merlo A, Guillot F, Bodin D. Temperature field measurements and computer program predictions under cementing operation conditions[C]//European Petroleum Conference. Society of Petroleum Engineers, 1994.

[52] Spindler R P. Analytical models for wellbore-temperature distribution[J]. SPE Journal, 2011, 16(01): 125-133.

[53] Mendes R B, Coelho L C, Guigon J, et al. Analytical solution for transient temperature field around a cased and cemented wellbore[C]//SPE Latin American and Caribbean Petroleum Engineering Conference. Society of Petroleum Engineers, 2005.

[54] 赵金洲, 任书泉. 井筒内液体温度分布规律的数值计算[J]. 石油钻采工艺, 1986, 8(4): 49-57.

[55] Wu X Q, Luo S Y, Liu S Z. A new temperature field and the method for designing casing in thermal horizontal well[C]//SPE International Thermal Operations and Heavy Oil Symposium. Society of Petroleum Engineers, 1997.

[56] 高云松, 付志远, 丁亮亮, 等. 稠油空心杆电加热井井筒温度场数值模拟[J]. 油气田地面工程, 2010, 29(5): 37-38.

[57] 桂烈亭, 刘贵满, 马春宝, 等. 稠油蒸汽驱生产井井筒温度计算[J]. 西南石油大学学报, 2010, 32(006): 130-134.

[58] 王杰祥, 张红, 樊泽霞, 等. 电潜泵井井筒温度分布模型的建立及应用[J]. 石油大学学报: 自然科学版, 2004, 27(5): 54-55.

[59] Lakshminarayana B. Fluid dynamics and heat transfer in turbomachinery[M]. NewYork: A wiley Interscience publication, 1996.

[60] Bejan A, Kraus A D. Heat transfer handbook[M]. NewYork: A wiley Interscience publication, 2003.

[61] Lienhard J H. A heat transfer textbook[M]. NewYork: Courier Dover Publications, 2005.

[62] 李沁. 高黏度酸液酸岩反应动力学行为研究[D]. 成都: 成都理工大学, 2013.

[63] Holman J P. Heat Transfer[M]. New York: McGraw-Hill, 1997.

[64] Rohsenow W M. Handbook of heat transfer[M]. New York: McGraw-Hill, 1998.

[65] 顾樵. 数学物理方法[M]. 北京: 科学出版社, 2012.

[66] 李顺初, 黄炳光. Laplace 变换与 Bessel 函数及试井分析理论基础[M]. 北京: 石油工业出版社, 2000.

[67] 奚定平. 贝塞尔函数[M]. 北京: 高等教育出版社, 1998.

[68] Schiff J L. The Laplace Transform: Theory and Applications[M]. New York: Springer, 1999.

[69] Cohen A M. Numerical Methods for Laplace Transform Inversion[M]. New York: Springer, 2007.

[70] 孔祥言. 高等渗流力学[M]. 合肥: 中国科学技术大学出版社, 1999.

[71] 同登科, 陈钦雷. 关于 Laplace 数值反演 Stehfest 方法的一点注记[J]. 石油学报, 2001, 22(6): 91-92.

[72] Stehfest H. Algorithm368: Numerical inversion of Laplace transforms[J]. Communications of the ACM, 1970, 13(1): 47-49.

[73] Stehfest H. Remark on algorithm 368: Numerical inversion of Laplace transforms[J]. Communications of the ACM, 1970, 13(10): 624.

[74] Economides M J, Nolte K G. Reservoir stimulation[M]. Chichester: Wiley, 2000.

[75] 李颖川. 采油工程[M]. 北京: 石油工业出版社, 2009.

[76] Simonson E R, Abou-Sayed A S, Clifton R J. Containment of massive hydraulic fractures[J]. Society of Petroleum Engineers Journal, 1978, 18(1): 27-32.

[77] Rice J R. Mathematical analysis in the mechanics of fracture[J]. Fracture: an advanced treatise, 1968, 2: 191-311.

[78] Clifton R J, Abou-Sayed A S. On the computation of the three-dimensional geometry of hydraulic fractures[C]//SPE Symposium on Low Permeability Gas Reservoirs. Society of Petroleum Engineers, 1979.

[79] Clifton R J, Abou-Sayed A S. A variational approach to the prediction of the three-dimensional geometry of hydraulic fractures[C]//SPE/DOE Low Permeability Gas Reservoirs Symposium. Society of Petroleum Engineers, 1981.

[80] Daneshy A A. Opening of a Pressurized Fracture in an Elastic Medium[C]//Annual Technical Meeting. Petroleum Society of Canada, 1971.

[81] Palmer I D, Carroll H B. Three-dimensional hydraulic fracture propagation in the presence of stress variations[J]. SPE Journal, 1983, 23(6): 870-878.

[82] Palmer I D, Carroll Jr H B. Numerical solution for height and elongated hydraulic fractures[C]//SPE/DOE Symposium on Low Permeability. Society of Petroleum Engineers, 1983.

[83] Palmer I D, Luiskutty C T. A model of the hydraulic fracturing process for elongated vertical fractures and comparisons of results with other models[C]//SPE/DOE Low Permeability Gas Reservoirs Symposium. Society of Petroleum Engineers, 1985.

[84] Naceur K B, Touboul E. Mechanisms controlling fracture-height growth in layered media[J]. SPE Production Engineering, 1990, 5(2): 142-150.

[85] Morales R H. Microcomputer analysis of hydraulic fracture behavior with a pseudo-three-dimensional simulator[J]. SPE production engineering, 1989, 4(1): 69-74.

[86] Holditch S A, Robinson B M, Ely J W, et al. The effect of viscous fluid properties on excess friction pressures measured during hydraulic fracture treatments[J]. SPE production engineering, 1991, 6(1): 9-14.

[87] Valko P, Economides M J. Fracture height containment with continuum damage mechanics[C]//SPE Annual Technical Conference and Exhibition. Society of Petroleum Engineers, 1993.

[88] Settari A, Sullivan R B, Hansen C. A new two-dimensional model for acid-fracturing design[J]. SPE Production & Facilities, 1998, 16(4): 200-209.

[89] Weijers L, Mayerhofer M, Cipolla C. Developing calibrated fracture growth models for various formations and regions across the United States[C]. //SPE Annual Technical Conference and Exhibition. Society of Petroleum Engineers, 2005.

[90] Al-Ajmi N M, Putthaworapoom N, Kazemi H. A new practical method for modeling hydraulic fracture propagation in 3-D space[C]//45th US Rock Mechanics/Geomechanics Symposium. American Rock Mechanics Association, 2011.

[91] Jahromi Z M, Wang J Y, Ertekin T. Development of a three-dimensional three-phase fully coupled numerical simulator for modeling hydraulic fracture propagation in tight gas reservoirs[C]//SPE Hydraulic Fracturing Technology Conference. Society of Petroleum Engineers, 2013.

[92] Abbas S, Gordeliy E, Peirce A, et al. Limited height growth and reduced opening of hydraulic fractures due to fractureoffsets: an

XFEM application[C]//SPE Hydraulic Fracturing Technology Conference. Society of Petroleum Engineers, 2014.

[93] Kim J, Um E S, Moridis G J. Fracture propagation fluid flow and geomechanics of water-based hydraulic fracturing in shale gas systems and electromagnetic geophysical monitoring of fluid migration[C]//SPE Hydraulic Fracturing Technology Conference. Society of Petroleum Engineers, 2014.

[94] Padin A, Tutuncu A N, Sonnenberg S. On the mechanisms of shale microfracture propagation[C]//SPE Hydraulic Fracturing Technology Conference. Society of Petroleum Engineers, 2014.

[95] Chen Z. Finite element modelling of viscosity-dominated hydraulic fractures[J]. Journal of Petroleum Science and Engineering, 2012, 88: 136-144.

[96] England A H, Green A E. Some two-dimensional punch and crack problems in classical elasticity[C]//Proc. Camb. Phil. Soc. 1963, 59(2): 489.

[97] 李勇明. 三维酸压数值模拟及优化设计[D]. 成都: 西南石油大学, 2000.

[98] 郦正能. 应用断裂力学[M]. 北京: 北京航空航天大学出版社, 2012.

[99] Wells A A. Application of fracture mechanics at and beyond general yielding[J]. British Welding Journal, 1963, 10(11): 563-702.

[100] 陈勉, 金衍, 张广清. 石油工程岩石力学[M]. 北京: 科学出版社, 2008.

[101] 付永强, 郭建春, 赵金洲, 等. 复杂岩性储层导流能力的实验研究——酸蚀导流能力[J]. 钻采工艺, 2003, 26(3): 22-25.

[102] 李年银, 赵立强, 张倩, 等. 酸压过程中酸蚀裂缝导流能力研究[J]. 钻采工艺, 2008, 31(6): 59-62.

[103] 任晓宁. 酸蚀裂缝导流能力测试仪研制及实验研究[D]. 成都: 西南石油大学, 2006.

[104] Nierode D E, Kruk K F. An evaluation of acid fluid loss additives, retarded acids, and acidized fracture conductivity[C]. // paper 4549-MS presented at Fall Meeting of SPE of AIME, 30 September-October 1973, Las Vegas, Nevada, USA. New York: SPE, 1973.

[105] Deng J, Mou Jianye, Hill A D, et al. A new correlation of acid fracture conductivity subject to closure stress[C]// paper 140402-MS presented at SPE Hydraulic Fracturing Technology Conference, 24-26 January 2011, The Woodlands, Texas, USA. New York: SPE, 2011.

[106] Lo K K, Dean R H. Modeling of acid fracturing[J]. SPE Production Engineering, 1989, 4(2): 194-200.

[107] 岳迎春. 裂缝酸刻蚀形态及导流能力数值模型研究[D]. 成都: 西南石油大学, 2012.

[108] Romero J, Gu H, Gulrajani S N. Three-dimensional transport in acid fracturing treatments: theoretical development and consequences for hydrocarbon production[C]// paper 39956-MS presented at SPE Rocky Mountain Regional/Low-Permeability Reservoirs Symposium, 5-8 April 1998, Denver, Colorado, USA. New York: SPE, 1998.

[109] 窦之林. 塔河油田碳酸盐岩缝洞型油藏开发技术[M]. 北京: 石油工业出版社, 2012: 222-223.

[110] 王静波. 多级交替注入闭合酸压模拟计算及软件编制[D]. 成都: 西南石油大学, 2012.

[111] 邹洪岚. 交替相前置液酸压设计计算及软件编制[D]. 成都: 西南石油大学, 1997.